DIE STATIK DER SCHWERLASTKRANE

WERFT- UND SCHWIMMKRANE UND SCHWIMMKRANPONTONS

VON

W. L. ANDRÉE

MIT 305 ABBILDUNGEN IM TEXT

MÜNCHEN UND BERLIN 1919
DRUCK UND VERLAG VON R. OLDENBOURG

Vorwort.

Als ich die erste wie auch die zweite Auflage meines Buches „Die Statik des Kranbaues" bearbeitete, habe ich von einer eingehenden Behandlung der Schwerlast-Krane abgesehen, in der Absicht, dieses Gebiet später einmal in einer besonderen Schrift umfassend vor Augen zu führen. Nachdem einige Jahre dahingegangen waren, fand ich endlich Muße, mein Vorhaben zur Ausführung zu bringen, und übergebe hiermit den Fachgenossen das Buch mit dem Wunsche, es möge dieselbe freundliche Aufnahme finden wie sein Vorgänger „Die Statik des Kranbaues".

Cöln, im Dezember 1918.

W. L. Andrée.

Inhaltsübersicht.

		Seite
Beispiel 1.	Ein ortsfester Drehkran von 100 t Tragfähigkeit	1
Beispiel 2.	Ein Kranboden zu einem ortsfesten Drehkran	8
Beispiel 3.	Ein Kranboden zu einem ortsfesten Drehkran	10
Beispiel 4.	Ein fahrbarer Drehkran von 50 t Tragfähigkeit mit einziehbarem Ausleger	17
Beispiel 5.	Ein Kranboden zu einem fahrbaren Drehkran	21
	Ermittlung der Raddrucke von Drehscheibenkranen	27
Beispiel 6.	Fahrbarer Drehscheibenkran	30
Beispiel 7.	Fahrbarer Vollportalkran	31
Beispiel 8.	Fahrbarer Vollportalkran	31
Beispiel 9.	Wirkung verschiedener Rollen in einem Kranausleger	33
Beispiel 10.	Ein feststehender hammerartiger Drehkran von 100 bzw. 200 t Tragfähigkeit	34
Beispiel 11.	Ein feststehender drehbarer Hammerkran von 150 bzw. 200 t Tragfähigkeit	44
Beispiel 12.	Derselbe Kran, nur mit einem dreibeinigen Stützgerüst	71
Beispiel 13.	Derselbe Kran, nur mit einem Stützgerüst symmetrischer Art	79
Beispiel 14.	Ein feststehender drehbarer Hammerwippkran mit einziehbarem Ausleger von 150 bzw. 220 t Tragfähigkeit	84
Beispiel 15.	Ein feststehender drehbarer Hammerkran von 200 bzw. 250 t Tragfähigkeit	86
Beispiel 16.	Ein Schwimmkran von 100 t Tragfähigkeit	98
	Ermittlung der Schwimmlagen	107
Beispiel 17.	Ein Schwimmkran von 200 t Tragkraft mit drehbarem einziehbaren Ausleger	110
	Zur Berechnung von Schwimmkranpontons	125
Beispiel 18.	Ein Schwimmkranponton	128
Beispiel 19.	Ein Schwimmkranponton	131
Beispiel 20.	Ein Schwimmkranponton	132
Beispiel 21.	Ein Schwimmkranponton	140
Beispiel 22.	Ein Schwimmkranponton	160
Beispiel 23.	Ein Schwimmkranponton	160

Werft- und Schwimmkrane und Schwimmkran-pontons.

Beispiel 1. Ein ortsfester Drehkran von 100 t Tragfähig-keit nach Abbildung 1.

Bevor mit der Berechnung des Gerüstes begonnen wird, muß man sich klar werden über die Wirkung der Rollenzüge am Ausleger-schnabel. In den Abb. 3 und 4 sind die Rollenanordnung und die Unterflasche schematisch zur Anschauung gebracht. Die Last P hängt in acht Seilsträngen. Vom Hubwerk angezogen werden zwei Stränge. Das durch die Außenrolle der Unterflasche gezogene Seil-ende wird Mitte Rollenachse am Auslegerschnabel befestigt. In der Abb. 4 ist nur eine Symmetriehälfte der Rollenanordnung wieder-gegeben.

Der Zug in einem Seil beträgt $Z = P : 8 = 100 : 8 = 12,50$ t. Die sämtlichen Seilzüge liefern eine Mittelkraft R_0 an der Achse der Seilrollen. Größe und Richtung derselben werden gefunden, indem man nach Abb. 5 die einzelnen Seilzüge aneinander trägt und die Resultierende zieht. Diese Kraft ist maßgebend für die Berechnung des Kranauslegers.

In welcher Weise die beiden Seilzüge am Hubwerk, das auf dem Kranboden angeordnet ist, in die untere Gerüstkonstruktion ein-geleitet werden, hängt von der Lagerung der mechanischen Teile ab. Bei der vorliegenden Aufgabe wurde das Prinzip der Übertragung durch die beiden Stäbe D_1 und D_2 veranschaulicht. Unter diesen Umständen ist das Gesamtsystem in Ordnung.

Man kann jetzt, wie es im Cremonaplan Abb. 5 geschehen ist, die Spannkräfte des Gerüstes ermitteln. Die gefundenen Werte gelten für beide Auslegerwände zusammen und entsprechen der Projektion des Gerüstes. In Wirklichkeit sind die Spannkräfte wegen der schrägen Zusammenstellung der Wände etwas größer. Der Unterschied ist jedoch nur gering. Auch haben die geringen Nebenspannungen in den Querstäben am Fuße des Gerüstes und an der Ecke oben rechts keine Bedeutung. Im übrigen steht nichts im Wege, bei einer gegebenen Aufgabe den Einfluß der Schrägstellung der Wände genau zu ermitteln. Hier kommt es nur darauf an, die Berechnung in ihren Grundzügen vor Augen zu führen.

Der Cremonaplan liefert auch die senkrechten Auflagerdrucke A und B des Gerüstes auf dem Kranboden.

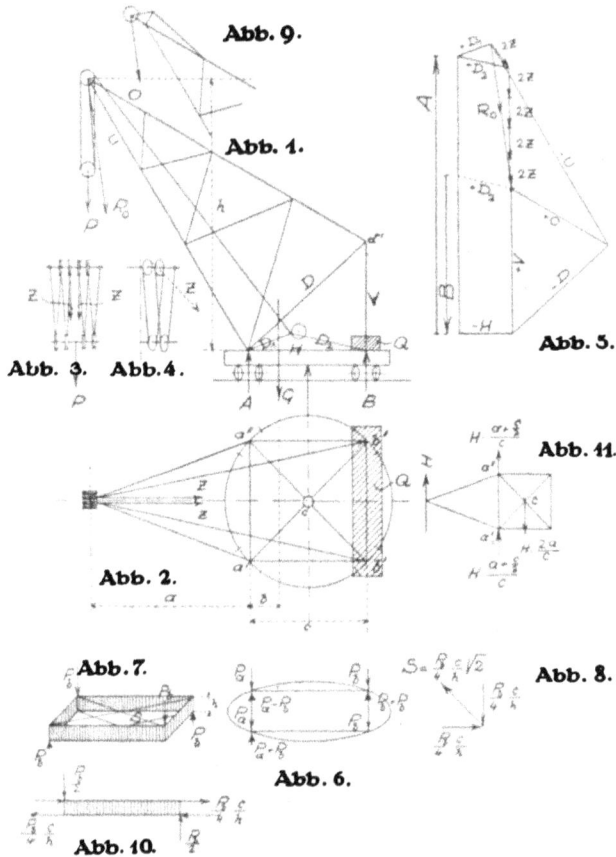

Abb. 9.

Abb. 1.

Abb. 5.

Abb. 3. Abb. 4.

Abb. 11.

Abb. 2.

Abb. 7.

Abb. 8.

Abb. 6.

Abb. 10.

Von Wichtigkeit ist es, das System des Auslegerschnabels genau in die Rollenachse zu führen, da sonst gefährliche Nebenspannungen infolge Biegung an den Auslegerstäben in die Erscheinung treten. Ein ähnlicher Zustand tritt ein, wenn der Auslegerschnabel ungewöhnlich spitz ist. Vergleiche die nähere Untersuchung dieses Falles in meinem Buche „Die Statik des Kranbaues", 2. Auflage, Seite 206. Sollte eine Verlegung des Systems aus der Rollenachse nicht zu un-

gehen sein, so empfiehlt es sich, ein Zusatzsystem nach Abb. 9 anzu-
ordnen. Dann kommen Biegungen in dem oben angedeuteten Sinne
nicht zustande.

Der Kran ruht an vier Ecken auf Fahrwagen mit je vier Rädern,
die sich auf einem Schienenkreis drehen. Das vermittelnde Glied
zwischen Krangerüst und Fahrwagen ist ein starrer, hochstegiger
Boden, gebildet aus einem Trägerviereck mit umzogenem Ring.
Der Boden ist durch ein Diagonalkreuz in der wagerechten Ebene
ausgesteift. Er wird ferner durch einen Königstuhl, um den sich der
ganze Kran dreht, in der Mitte zentriert. Die Auflagerdrucke A
und B des aufgesetzten Gerüstes werden von dem Boden auf die
Fahrwagen übertragen.

Es ist klar, daß der Kran unter der Wirkung von P kippt. Um
dem zu begegnen, muß das Bauwerk ein bestimmtes Eigengewicht
haben. Reicht dieses nicht aus, so ist man gezwungen, einen besonderen Ballast anzulegen, der seinen Platz zweckmäßig auf der
äußersten rückseitigen Kante des Kranbodens erhält. Siehe schraffier-
ter Teil der Abb. 1 und 2. Die Stabilität verlangt nun, daß die
Mittelkraft aus sämtlichen Lasten, also aus P, aus dem Eigengewicht
des Kranes und aus dem Ballast mindestens rechtsseitig vom Stützpunkt bei a liegt. Je weiter sie abfällt, um so größer ist die Sicherheit gegen Kippen. Man kann die Bedingung der Stabilität aber
auch so ausdrücken, daß man sagt, das Lastmoment in bezug auf
den Drehpunkt bei a muß kleiner sein als das Moment aus dem Eigengewicht und dem Ballast. Bezeichnen n den Sicherheitsgrad gegen
Kippen, G das Eigengewicht und Q den Ballast, dann läßt sich anschreiben

$$P \cdot a \cdot n = G \cdot b + Q \cdot c.$$

Diese Beziehung liefert die Größe des Ballastes

$$Q = \frac{P \cdot a \cdot n - G \cdot b}{c}.$$

Es sei $P = 100$ t, $G = 40$ t, $a = 11$ m, $b = 2$ m, $c = 8$ m und
$n = 1,5$. Dann berechnet sich

$$Q = \frac{100 \cdot 11 \cdot 1,5 - 40 \cdot 2}{8} = 196 \text{ t}.$$

Wie schon bemerkt, stellt der hochstegige Kranboden in der
wagerechten Ebene eine starre Scheibe dar. Die Kennzeichnung starr
hat man so zu verstehen, daß der Boden senkrecht zur Ebene zwar

elastisch aber statisch fest ist. Aus diesem Grunde findet keine entschiedene Verteilung der senkrechten Drucke auf die Fahrwagen bzw. die Schiene statt. Die Drucke P_a und P_b, wie sie sich aus der Last, dem Eigengewicht und dem Ballast ergeben, bestehen eindeutig nur bis an dem Kranboden. Ihre weitere Übertragung auf die Schiene hängt von der Elastizität des Bodens und von der Nachgiebigkeit der Schiene selbst bzw. ihrer Fundierung ab. Abgesehen davon, daß auch der Fahrwagen, dessen Einzelteile nicht so unverrückbar fest sitzen, einen Einfluß (wenn auch geringen) hat. Man muß mit der Möglichkeit rechnen, daß die Schiene sich an verschiedenen Stellen senkt. Man fasse einmal eine Eindrückung der Schiene unter dem Eckpunkt bei b' ins Auge. Dann leuchtet ein, daß an dieser Stelle eine Verminderung des Druckes zwischen Wagen und Schiene zutage tritt, während der Überschuß von den anderen Ecken aufgenommen werden muß. Die genaue Verteilung der Lasten auf alle vier Fahrwagen ließe sich nur mit Hilfe der kompliziertesten Formänderungsgesetze ermitteln. Die Aufgabe lohnt sich praktisch nicht. Sie hat auch wenig Wert, weil die Annahmen hinsichtlich der Schienensenkung ganz willkürlich sind. Man geht den Schwierigkeiten und der Unsicherheit der Berechnung aus dem Wege, wenn man voraussetzt, daß die Schiene an einer Stelle so stark eingedrückt ist, daß einer der Wagen jeweilig ganz in der Luft schwebt. Der Fall möge bei dem Wagen unter dem Eckpunkt b' eingetreten sein. Wir haben dann den in der Abb. 7 dargestellten Belastungszustand des Kranbodens. Es tragen nur drei Wagen. Jedem derselben kommt zunächst die ursprüngliche Belastung durch P_a bzw. P_b zu. Sodann übernehmen sie noch die Last P_b an der Ecke b', wo der Fahrwagen die Unterstützung durch die Schiene verloren hat. Es ergeben sich schließlich die in der Abb. 6 eingetragenen Drucke auf die drei wirksamen Stützpunkte.

Der Belastungszustand stellt ziemliche Anforderungen an die Festigkeit des Kranbodens. Eine einwandfreie Berechnung der Konstruktion ist kaum möglich, da es sich um eine Scheibe handelt, die auf Verwinden in Anspruch genommen wird. Abgesehen davon, daß das Gebilde selbst kompliziert zusammengesetzt ist, nämlich aus einem Trägerviereck mit umschließendem Ring. Man kann der Aufgabe näherungsweise beikommen, wenn man den Widerstand des Ringes, der geringere Bedeutung hat, außer acht läßt und nur das Trägerviereck als tragend in Rechnung setzt. Vergleiche die Abb. 7. Die Ursache der eingetragenen Belastung ist der Druck P_b an der freischwebenden Ecke bei *b'*. Das Gebilde muß, damit es gegen Verwinden stabil ist, in der oberen und unteren Ebene diagonale Stäbe enthalten. Denkt man sich diese fort, so würden die Trägerecken infolge der Gurtspannkräfte schief gezerrt und die Wände verdreht werden. Dem entgegen wirken eben die Diagonalen, die aus diesem Anlaß erhebliche Spannkräfte aufzunehmen haben.

Die Gurtspannungen in den Ecken des Trägervierecks betragen

$$\frac{P_b}{4} \cdot \frac{c}{h}.$$

Die dadurch zustande kommende Anspannung der Diagonalen ergibt sich nach Abb. 8 zu

$$S = \frac{P_b}{4} \cdot \frac{c}{h} \cdot \sqrt{2}.$$

Zu beachten ist, daß jeweils für einen Stab Zug, für einen anderen Druck in Betracht kommt.

Der Belastungszustand eines einzelnen Trägers aus dem Viereck ist in der Abb. 10 angedeutet. Das Moment an den Trägerenden beträgt

$$M = \frac{P_b}{4} \cdot \frac{c}{h} \cdot h = \frac{P_b}{4} \cdot c.$$

Das Moment in der Mitte ist Null. Das ergibt sich aus

$$M = \frac{P_b}{4} \cdot \frac{c}{h} \cdot h - \frac{P_b}{2} \cdot \frac{c}{2} = 0.$$

Von einiger Wichtigkeit ist die Inanspruchnahme des Krangerüstes durch eine wagerechte Kraft *H* am Auslegerschnabel, die entstehen kann infolge Schrägzug der Last oder wenn die Fahrwagen beim Drehen des Kranes plötzlich abgebremst werden. Die letztere Wirkung ist schwer nachweisbar und es lohnt sich auch nicht, hierüber nähere Untersuchungen anzustellen, weil der Rechnung doch mehr oder weniger willkürliche Annahmen zugrunde gelegt werden müssen. In der Erkenntnis, daß übertriebene Genauigkeit zwar Mühe kostet aber wenig Nutzen bringt, tut man besser, wenn man einfach einen starken Schrägzug der Last einführt und annimmt, daß die hierbei zustande kommende wagerechte Kraft etwa $\frac{1}{10}$ der Nutzlast ausmacht. Wir erhalten dann, im Grundriß gesehen, den in der Abb. 11 angedeuteten Belastungszustand des Kranes. Unentschieden sind hierbei wiederum die Lagerbedingungen; sie hängen in der Hauptsache davon ab, welche Fahrwagen und wieviel im Augenblick des Schrägzuges festgestellt sind. Wir nehmen einmal an, es wären die beiden Wagen unter den Eckpunkten bei a. Dann ergeben sich die in der Abbildung eingetragenen wagerechten Lagerkräfte, wonach eine Berechnung der in Frage kommenden Konstruktionsteile erfolgen kann. Hierbei ist zu beachten, daß die Eckpunkte bei a zugleich von den senkrechten Stützkräften

$$\pm H \cdot \frac{h}{c}$$

angegriffen werden. Der Schrägzug bewirkt also eine Erhöhung bzw. eine Verminderung der Raddrucke bei a. Er belastet nach Abb. 11 zugleich den Königstuhl in wagerechter Richtung. Natürlich ergeben sich auch Zusatzspannkräfte für den Ausleger.

Es möge noch bemerkt werden, daß hinsichtlich der Übertragung der Kraft H vorausgesetzt ist, daß die Eckpunkte d der rückseitigen Gerüstwand in wagerechter Richtung verschieblich sind. Es dürften also in den Feldern $a' - a'' - d' - d''$ und $b' - b'' - d' - d''$ keine Querverbände angeordnet sein. Dennoch angebrachte Verbände würden die Wirkung haben, daß dann die Übertragung des Schubes H nach dem Kranboden statisch unbestimmbar wäre. Es ist angebracht, die Frage nach allen Seiten zu prüfen. Läßt man die Punkte lose, so geraten sie beim Drehen des Kranes oder bei Schrägzug der Last leicht ins Schwanken, womit der Druckstab D unter Umständen in einen gefährlichen Knickzustand versetzt werden kann. Dieser Umstand spricht entschieden für die Festlegung der fraglichen Punkte. Dagegen sprechen, wie gesagt, die oben erwähnten statischen Bedenken. Wir glauben aber, daß diese nicht so erheblich sind, um ihretwegen eine offensichtliche Konstruktionsschwäche in Kauf zu nehmen. Es liegt auf der Hand, daß eine Kraft immer den nächsten Weg zu ihrer Auswirkung sucht. Aus diesem Grunde kann man annehmen, daß der Schub H überwiegend von den bauchseitigen Gurtstäben nach den nächsten Stützpunkten a übertragen wird, und daß nur ein geringerer Teil seinen Weg über den längeren rückseitigen Stabzug nimmt, zumal dieser geknickt ist. Die Überlegung berechtigt also wohl, vorauszusetzen, daß der ganze Schub unmittelbar von den beiden Untergurtschrägen aufgenommen wird. Womit die obige Berechnungsweise hinsichtlich H ihre Gültigkeit behält und nichts im Wege steht, die Eckpunkte d nunmehr durch geeignete Verbände festzulegen.

Am Schluß mögen einmal die größten und kleinsten senkrechten Drucke auf die Fahrwagen ermittelt werden.

$$P_a'' = G \cdot \frac{c-b}{c} \cdot \frac{1}{2} + P \cdot \frac{a+c}{c} \cdot \frac{1}{2} + H \cdot \frac{h}{c}$$

$$= 40 \cdot \frac{6}{8} \cdot \frac{1}{2} + 100 \cdot \frac{19}{8} \cdot \frac{1}{2} + 10 \cdot \frac{18}{8}$$

$$= 15 + 119 + 22{,}5 = 156{,}5 \text{ t (max)}$$

$$P_a' = G \cdot \frac{c-b}{c} \cdot \frac{1}{2} + P \cdot \frac{a+c}{c} \cdot \frac{1}{2} - H \cdot \frac{h}{c}$$

$$= 15 + 119 - 22{,}5 = 111{,}5 \text{ t}$$

$$P_b = G \cdot \frac{b}{c} \cdot \frac{1}{2} + \frac{Q}{2}$$

$$= 40 \cdot \frac{2}{8} \cdot \frac{1}{2} + \frac{196}{2}$$

$$= 5 + 98 = 103{,}0 \text{ t}$$

$$P_b = G \cdot \frac{b}{c} \cdot \frac{1}{2} + \frac{Q}{2} - P \cdot \frac{a}{c} \cdot \frac{1}{2}$$

$$= 5 + 98 - 100 \cdot \frac{11}{8} \cdot \frac{1}{2}$$

$$= 5 + 98 - 69 = 34{,}0 \text{ t (min).}$$

Man hat es in der Hand, den beträchtlichen Unterschied zwischen dem größten und dem kleinsten Druck durch Erhöhung des Ballastes herabzumindern.

Nimmt man an, daß bei angehängter Nutzlast P infolge Schienensenkung der Fahrwagen unter b'' in der Luft schwebt, dann ergeben sich folgende Raddrucke (vgl. hierzu die Abb. 7 bzw. 6).

$$P_a'' = 156{,}5 + 34 = 190{,}5 \text{ t (max)}$$
$$P_a' = 111{,}5 - 34 = 77{,}5 \text{ t}$$
$$P_b'' = 0$$
$$P_b' = 34 + 34 = 68{,}0 \text{ t.}$$

Es versteht sich von selbst, daß auch das Eigengewicht des Auslegers Spannkräfte in den Systemstäben hervorruft. Einen Anhalt für die Berechnung gibt der Plan Abb. 5. Winddruck gegen das Gerüst hat nur eine untergeordnete Bedeutung. Der in Betracht gezogene Schrägzug der Last ersetzt zumindest die Wirkung des Windes und enthebt uns der Mühe einer Untersuchung nach dieser Richtung. Bietet der Führerstand bzw. das Maschinenhaus dem

Winde eine nennenswerte Fläche, so kommt der Druck möglicherweise für die Fahrwagen und die Konstruktionsteile des Kranbodens in Frage.

Es ist geboten, sich im folgenden noch etwas näher mit der Berechnung von Untergestellen (den Kranböden) zu befassen. Die Konstruktion und der Sachverhalt sind mit dem obigen Beispiel nicht erschöpft.

Beispiel 2. Ein Kranboden zu einem ortsfesten Drehkran nach Abbildung 12.

Das Auslegergerüst stützt sich nicht wie vorher unmittelbar über den vier Fahrwagen, sondern es hat eine schmalere Basis und fußt auf besonderen Trägern, die zwischen dem Hauptviereck eingehängt sind. Die Stützpunkte wurden mit a, b, c und d bezeichnet. Unser Augenmerk gilt der Gliederung der Platte. Man hat es in der Hand, sehr einfache Verhältnisse zu schaffen, so daß die Fußdrücke des Auslegers nach den einfachen Hebelgesetzen auf die vier Fahrwagenecken übertragen werden. Das ist bei der Durchbildung des vorliegenden Bodens der Fall. Wir setzen dabei voraus, daß die Tafel keinen nennenswerten Widerstand gegen Verwinden, der nach früheren Ausführungen in den Eckanschlüssen der Träger liegt, zu äußern imstande ist. Das trifft aber auch zu, solange eine mögliche Unregelmäßigkeit in der Höhenlage des Schienenringes in vernünftigen Grenzen gehalten wird. Wir nehmen also an, daß die Träger überall gelenkartig ineinander gehängt sind. Der Pfeil in der Abbildung gibt die Richtung des Auslegers an. Als allgemeinste Belastung wird ein einseitiger Druck P im Punkte a eingeführt.

Das System ist in jeder Beziehung, sowohl innerlich als hinsichtlich der Auflagerdrucke über den Fahrwagen statisch bestimmbar. Die Last P wird durch den eingehängten Längsbalken nach den gewöhnlichen Regeln auf die beiden Außenträger übertragen. Die hier entstehenden Drücke sind

$$P_e = P \cdot \frac{l-b}{l} \quad \text{und} \quad P_f = P \cdot \frac{b}{l}$$

$$= \frac{P}{2}\left(1 + \frac{a}{l}\right) \text{ »} \quad = \frac{P}{2}\left(1 - \frac{a}{l}\right).$$

Ebenso einfach ist die weitere Überleitung der Kräfte nach den Auflagern. Man erhält folgende Drücke

$$A_0 = P \cdot \frac{l-b}{l} \cdot \frac{l-b}{l} = \frac{P}{4}\left(1 + \frac{a}{l}\right)^2$$

$$B_0 = P \cdot \frac{b}{l} \cdot \frac{l-b}{l} \qquad = \frac{P}{4}\left(1 - \frac{a^2}{l^2}\right)$$

$$C_0 = P \cdot \frac{b}{l} \cdot \frac{b}{l} \qquad = \frac{P}{4}\left(1 - \frac{a}{l}\right)^2$$

$$D_0 = P \cdot \frac{l-b}{l} \cdot \frac{b}{l} \qquad = \frac{P}{4}\left(1 - \frac{a^2}{l^2}\right).$$

Abb. 12.

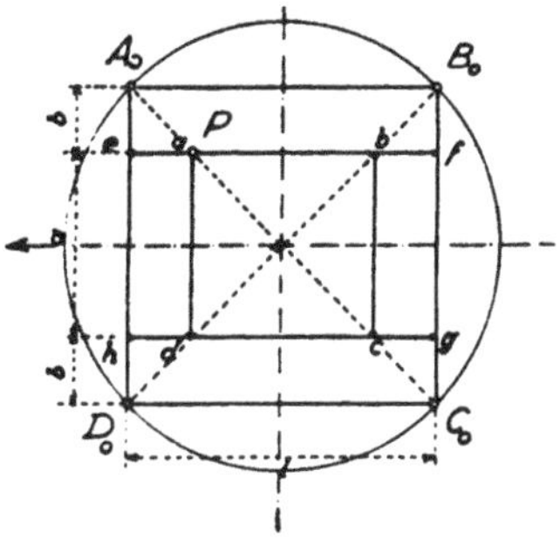

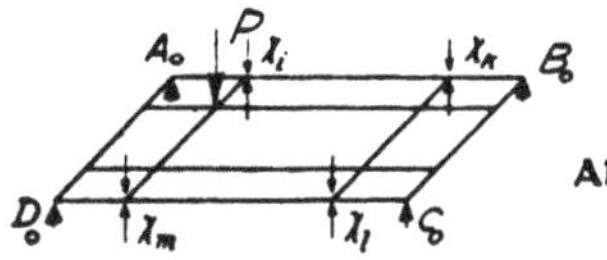

Abb. 13.

Abb. 14.

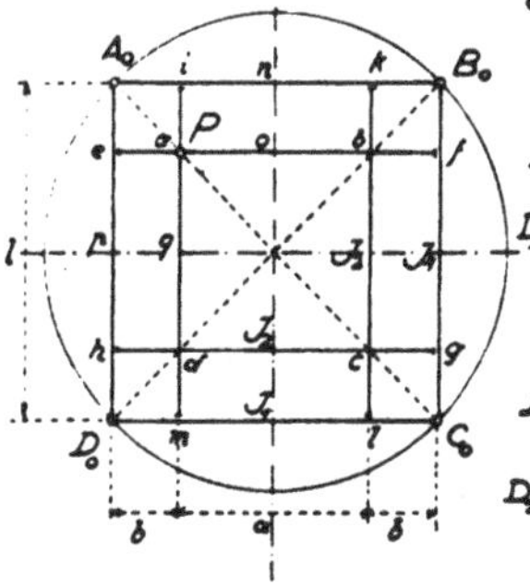

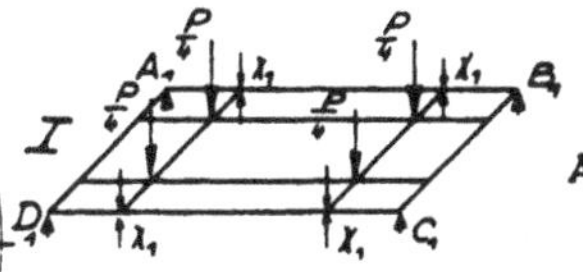

Abb. 15.

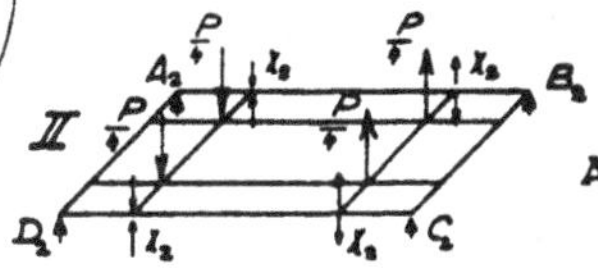

Abb. 16.

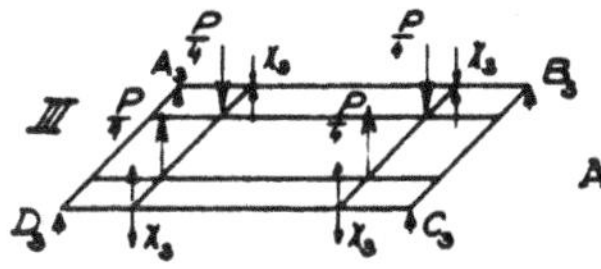

Abb. 17.

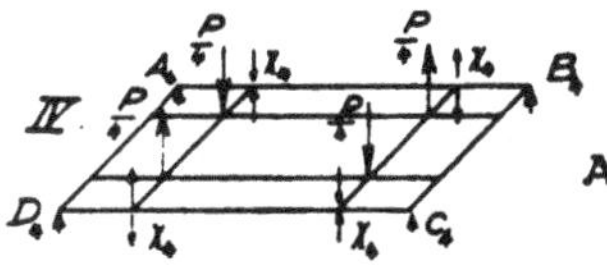

Abb. 18.

Hiernach lassen sich dann die gewöhnlichen Balkenmomente der einzelnen Träger aufstellen.

$$M_e = A_0 \cdot b \quad \text{und} \quad M_a = P_e \cdot b.$$

Wie früher besprochen, muß mit der Möglichkeit gerechnet werden, daß die Schiene stellenweise infolge Nachgeben des Fundamentes größere Senkungen erleidet. Dann treten gefährliche Verwindungen der Trägerplatte ein, die sich, wie oben dargelegt, schwer verfolgen lassen, da sie an verwickelte elastische Vorgänge gebunden sind. Es wäre unpraktisch und ziemlich nutzlos, eine Rechnung nach dieser Richtung durchführen zu wollen. Wir nehmen einfach wieder an, daß die Schiene an irgendeiner Stelle so stark eingedrückt ist, daß einer der Wagen seine Berührung mit ihr verliert und frei in der Luft schwebt. Eine brauchbare Berechnung der Konstruktion unter diesen Umständen wurde bei Beispiel 1 vorgeführt. Es bedarf wohl keiner besonderen Beihilfe, um das Verfahren auch an dieser etwas anders gegliederten Platte zur Anwendung zu bringen.

Beispiel 3. Ein Kranboden zu einem ortsfesten Drehkran nach Abbildung 13.

Die Gliederung unterscheidet sich von der vorhergehenden dadurch, daß die beiden kurzen Querbalken nicht mehr zwischengehängt sind sondern durchlaufen bis zu den Außenträgern. Die Konstruktion ist daher nach allen Seiten symmetrisch. Infolge der Kopfanschlüsse und weil die Stöße zugleich durch Gurtlaschen überdeckt sind, wirken die vier Zwischenträger als durchgehende Balken auf vier elastischen Stützen.

Gegenüber geringen Senkungen der Schiene treten wesentliche Widerstände der Platte gegen Verwinden nicht in die Erscheinung. Man kann daher annehmen, daß die Trägerenden gelenkig angeschlossen sind.

Für die Berechnung wird, wie früher, als allgemeinste Belastung die einseitig im Punkte a angreifende Kraft P eingeführt. Die Trägheitsmomente der Außenträger seien J_1, die der Zwischenträger J_2.

Die Aufgabe ist jetzt mehrfach statisch unbestimmt, und zwar innerlich. Die Auflagerdrücke sind ohne weiteres ermittelbar.

Nach den üblichen Regeln der Berechnung statisch unbestimmter Systeme würde man vier fragliche Größen zählen. Man könnte als Unbekannte die Reaktionen der Endpunkte von zwei Zwischenträgern an den Außenträgern einführen. Der Zustand ist in der Abb. 14 zur Darstellung gebracht. Die Ermittlung der gesuchten Größen gelingt nach folgenden Bedingungsgleichungen:

$$\int \frac{M_x}{J \cdot E} \cdot \frac{\partial M_x}{\partial X_i} \cdot dx = 0$$

$$\int \frac{M_z}{J \cdot E} \cdot \frac{\partial M_z}{\partial X_k} \cdot dx = 0$$

$$\int \frac{M_z}{J \cdot E} \cdot \frac{\partial M_z}{\partial X_l} \cdot dx = 0$$

$$\int \frac{M_z}{J \cdot E} \cdot \frac{\partial M_z}{\partial X_m} \cdot dx = 0.$$

Hierbei ist der verschwindend geringe Einfluß der Querkräfte vernachlässigt. Die Integrationen erstrecken sich über die ganze Konstruktion. Das Verfahren führt zu vier Elastizitätsgleichungen mit vier Unbekannten. Der Weg ist außerordentlich weitläufig und praktisch kaum durchführbar.

Man erzielt eine bedeutende Vereinfachung der Rechnung, wenn man das Verfahren der Belastungsumordnung zur Anwendung bringt. Das Verfahren wurde auch in meinen Schriften „Die Statik des Kranbaues“ und „Die Statik des Eisenbaues“ nutzbringend verwertet, in der letzteren umfassend[1]). Wir ordnen die Belastung durch P um in die Teilbelastungen I, II, III und IV. Siehe Abb. 15, 16, 17 und 18. Als Unbekannte fassen wir, wie oben, die Reaktionen der Endpunkte zweier Zwischenträger an den Außenträgern auf. Die Teilbelastungen stellen sämtlich symmetrische Belastungszustände dar. Aus diesem Grunde erscheinen bei jeder derselben zwar vier unbekannte Größen, aber die Werte werden jedesmal untereinander gleich. Wir haben somit:

bei der Teilbelastung I unbekannt X_1
,,   ,,   ,,   II   ,, X_2
,,   ,,   ,,   III   ,, X_3
,,   ,,   ,,   IV   ,, X_4.

Der Erfolg des Verfahrens ist also der, daß die vier unbestimmten Größen unabhängig voneinander geworden sind und jede für sich selbständig ausgerechnet werden kann. Die Ermittlungen erfolgen nach

Teilbelastung I:

$$\int \frac{M_z}{J \cdot E} \cdot \frac{\partial M_z}{\partial X_1} \cdot dx = 0$$

Teilbelastung II:

$$\int \frac{M_z}{J \cdot E} \cdot \frac{\partial M_z}{\partial X_2} \cdot dx = 0$$

---

[1]) Siehe insbesondere auch meine Schrift ›Das BU-Verfahren‹. Verlag R. Oldenbourg, München.

Teilbelastung III:

$$\int \frac{M_x}{J \cdot E} \cdot \frac{\delta M_x}{\delta X_3} \cdot dx = 0$$

Teilbelastung IV:

$$\int \frac{M_x}{J \cdot E} \cdot \frac{\delta M_x}{\delta X_4} \cdot dx = 0.$$

Ein weiterer Vorteil des Verfahrens liegt darin, daß die Integrationen sich jedesmal nur über ein einziges Viertel des Tragwerks erstrecken.

Noch mehr: Die Teilbelastungen zeigen uns, daß das System in Wirklichkeit gar nicht vierfach sondern nur zweifach statisch unbestimmbar ist. Das ergibt sich bei Betrachtung der Teilbelastungen I und IV. Bei der Teilbelastung I ist nämlich X_1 sehr einfach gleich $\frac{P}{8}$.

Dies aus Symmetriegründen. Ähnlich liegen die Verhältnisse bei der Teilbelastung IV. Hier muß sein, ebenfalls wegen der Symmetrie der Konstruktion und der Belastung

$$X_4 = \frac{P}{8} \cdot \frac{a}{l}.$$

Zur Berechnung übrig bleiben somit nur noch die statisch unbestimmten Größen X_2 und X_3 bei den Teilbelastungen II und III.

Die Auflagerdrucke des Tragwerks ergeben sich nach den Teilbelastungen

$$A_0 = \frac{P}{4} + \frac{P}{4} \cdot \frac{a}{l} + \frac{P}{4} \cdot \frac{a}{l} + \frac{P}{4} \cdot \frac{a}{l} \cdot \frac{a}{l} = \frac{P}{4} \left(1 + \frac{a}{l} \right)^2$$

$$B_0 = \frac{P}{4} - \frac{P}{4} \cdot \frac{a}{l} + \frac{P}{4} \cdot \frac{a}{l} - \frac{P}{4} \cdot \frac{a}{l} \cdot \frac{a}{l} = \frac{P}{4} \left(1 - \frac{a^2}{l^2} \right)$$

$$C_0 = \frac{P}{4} - \frac{P}{4} \cdot \frac{a}{l} - \frac{P}{4} \cdot \frac{a}{l} + \frac{P}{4} \cdot \frac{a}{l} \cdot \frac{a}{l} = \frac{P}{4} \left(1 - \frac{a}{l} \right)^2$$

$$D_0 = \frac{P}{4} + \frac{P}{4} \cdot \frac{a}{l} - \frac{P}{4} \cdot \frac{a}{l} - \frac{P}{4} \cdot \frac{a}{l} \cdot \frac{a}{l} = \frac{P}{4} \left(1 - \frac{a^2}{l^2} \right).$$

Ermittlung der Größe X_2 bei der Teilbelastung II nach

$$\int \frac{M_x}{J \cdot E} \cdot \frac{\delta M_x}{\delta X_2} \cdot dx = 0.$$

Vergleiche Abb. 19, 20, 21, 22 und 23.

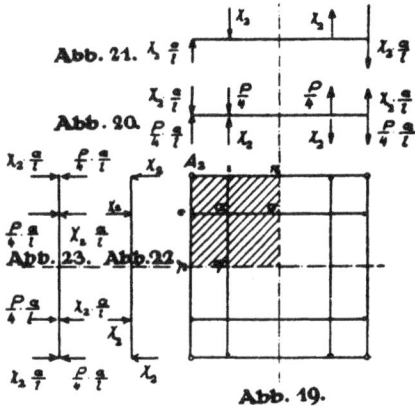

Abb. 21.

Abb. 20.

Abb. 23. Abb. 22.

Abb. 19.

Äußerer Träger:

von A_2 bis i

$$M_x = X_2 \cdot \frac{a}{l} \cdot x \qquad\qquad \frac{\partial M_x}{\partial X_2} = \frac{a}{l} \cdot x$$

$$\frac{1}{J_1}\int_0^b X_2 \cdot \frac{a^2}{l^2} \cdot x^2 \cdot dx = X_2 \cdot \frac{a^2 \cdot b^3}{3 \cdot l^2 \cdot J_1} \quad \cdots \cdots \quad (1)$$

von i bis n

$$M_x = X_2 \cdot \frac{a}{l} \cdot (b + x) - X_2 \cdot x$$

$$= X_2 \cdot \frac{b}{l}(a - 2 \cdot x) \qquad \frac{\partial M_x}{\partial X_2} = \frac{b}{l}(a - 2 \cdot x)$$

$$\frac{1}{J_1}\int_0^{\frac{a}{2}} X_2 \cdot \frac{b^2}{l^2}(a - 2 \cdot x)^2 \cdot dx = X_2 \cdot \frac{a^3 \cdot b^2}{6 \cdot l^2 \cdot J_1} \quad \cdots \cdots \quad (2)$$

von A_2 bis e

$$M_x = -\frac{P}{4} \cdot \frac{a}{l} \cdot x + X_2 \cdot \frac{a}{l} \cdot x \qquad \frac{\partial M_x}{\partial X_2} = \frac{a}{l} \cdot x$$

$$\frac{1}{J_1}\int_0^b \left\{ -\frac{P}{4} \cdot \frac{a^2}{l^2} \cdot x^2 + X_2 \frac{a^2}{l^2} \cdot x^2 \right\} dx =$$

$$= -\frac{P}{4} \cdot \frac{a^2 \cdot b^3}{3 \cdot l^2 \cdot J_1} + X_2 \cdot \frac{a^2 \cdot b^3}{3 \cdot l^2 \cdot J_1} \quad \cdots \cdots \quad (3)$$

von *e* bis *p*

$$M_z = - \frac{P}{4} \cdot \frac{a}{l} \cdot b + X_2 \cdot \frac{a}{l} \cdot b \qquad \frac{\partial M_z}{\partial X_2} = \frac{a}{l} \cdot b$$

$$\frac{1}{J_1} \int_0^{\frac{a}{2}} \left\{ -\frac{P}{4} \cdot \frac{a^2}{l^2} \, b^2 + X_2 \cdot \frac{a^2}{l^2} \cdot b^2 \right\} dx$$

$$= -\frac{P}{4} \cdot \frac{a^3 \cdot b^2}{2 \cdot l^2 \cdot J_1} + X_2 \cdot \frac{a^3 \cdot b^2}{2 \cdot l^2 \cdot J_1} \quad \cdots \cdots \quad (4)$$

Innerer Träger:

von *e* bis *a*

$$M_z = \frac{P}{4} \cdot \frac{a}{l} \cdot x - X_2 \cdot \frac{a}{l} \cdot x \qquad \frac{\partial M_z}{\partial X_2} = -\frac{a}{l} \cdot x$$

$$\frac{1}{J_2} \int_0^b \left\{ -\frac{P}{4} \cdot \frac{a^2}{l^2} \cdot x^2 + X_2 \cdot \frac{a^2}{l^2} \cdot x^2 \right\} dx$$

$$= -\frac{P}{4} \cdot \frac{a^2 \cdot b^3}{3 \cdot l^2 \cdot J_2} + X_2 \cdot \frac{a^2 \cdot b^3}{3 \cdot l^2 \cdot J_2} \quad \cdots \cdots \quad (5)$$

von *a* bis *o*

$$M_z = -\frac{P}{4} \cdot \frac{b}{l} (a - 2 \cdot x) + X_2 \cdot \frac{b}{l} (a - 2 \cdot x)$$

$$\frac{\partial M_z}{\partial X_2} = \frac{b}{l} (a - 2 \cdot x)$$

$$\frac{1}{J_2} \int_0^{\frac{a}{2}} \left\{ -\frac{P}{4} \cdot \frac{b^2}{l^2} (a - 2 \cdot x)^2 + X_2 \cdot \frac{b^2}{l^2} (a - 2 \cdot x)^2 \right\} dx$$

$$= \frac{P}{4} \cdot \frac{a^3 \cdot b^2}{6 \cdot l \cdot J_2} + X_2 \cdot \frac{a^3 \cdot b^2}{6 \cdot l \cdot J_2} \quad \cdots \cdots \quad (6)$$

von *i* bis *a*

$$M_z = X_2 \cdot x \qquad \frac{\partial M_z}{\partial X_2} = x$$

$$\frac{1}{J_2} \int_0^b X_2 \cdot x^2 \cdot dx = X_2 \cdot \frac{b^3}{3 \cdot J_2} \quad \cdots \cdots \cdots \quad (7)$$

von *a* bis *q*

$$M_z = X_2 \cdot b \qquad \frac{\partial M_z}{\partial X_2} = b$$

$$\frac{1}{J_2} \int_0^{\frac{a}{2}} X_2 \cdot b^2 \cdot dx = X_2 \cdot \frac{a \cdot b^2}{2 \cdot J_2} \quad \cdots \cdots \quad (8)$$

Zusammenfassung:

$$X_2\left\{\frac{a^2\cdot b^3}{3\cdot l^2\cdot J_1}+\frac{a^3\cdot b^2}{6\cdot l^2\cdot J_1}+\frac{a^2\cdot b^3}{3\cdot l^2\cdot J_1}+\frac{a^3\cdot b^2}{2\cdot l^2\cdot J_1}+\frac{a^2\cdot b^3}{3\cdot l^2\cdot J_2}+\right.$$

$$\left.+\frac{a^3\cdot b^2}{6\cdot l\cdot J_2}+\frac{b^3}{3\cdot J_2}+\frac{a\cdot b^2}{2\cdot J_2}\right\}=$$

$$=\frac{P}{4}\left\{\frac{a^2\cdot b^3}{3\cdot l^2\cdot J_1}+\frac{a^3\cdot b^2}{2\cdot l^2\cdot J_1}+\frac{a^2\cdot b^3}{3\cdot l^2\cdot J_2}+\frac{a^3\cdot b^2}{6\cdot l\cdot J_2}\right\}.$$

Hieraus

$$X_2=\frac{P}{4}\cdot\frac{(a+2\cdot b)+(3\,a+2\cdot b)\dfrac{J_2}{J_1}}{(a+2\cdot b)\left(\dfrac{J_2}{J_1}+1\right)+(3\cdot a+2\ b)\left(\dfrac{J_2}{J_1}+\dfrac{l^2}{a^2}\right)}$$

Ermittlung der Größe X_3 bei der Teilbelastung III nach

$$\int\frac{M_z}{J\cdot E}\cdot\frac{\partial M_z}{\partial X_3}\cdot dx=0.$$

In ähnlicher Weise wie oben findet man

$$X_3=\frac{P}{4}\cdot\frac{\dfrac{a}{l}(a+2\cdot b)\dfrac{J_2}{J_1}+\dfrac{l}{a}(3\cdot a+2\cdot b)}{(a+2\cdot b)\left(\dfrac{J_2}{J_1}+1\right)+(3\cdot a+2\cdot b)\left(\dfrac{J_2}{J_1}+\dfrac{l^2}{a^2}\right)}$$

Es möge einmal ein Zahlenbeispiel angenommen werden. Es sei $a=7$ m, $b=2{,}5$ m, $l=12$ m. $J_1=J_2$. Dann ergibt sich nach den oben angeschriebenen Formeln.

$$A_0=\frac{P}{4}\left(1+\frac{a}{l}\right)^2=\frac{P}{4}\left(1+\frac{7}{12}\right)^2=P\cdot0{,}627$$

$$B_0=\frac{P}{4}\left(1-\frac{a^2}{l^2}\right)=\frac{P}{4}\left(1-\frac{49}{144}\right)=P\cdot0{,}165$$

$$C_0=\frac{P}{4}\left(1-\frac{a}{l}\right)^2=\frac{P}{4}\left(1-\frac{7}{12}\right)^2=P\cdot0{,}043$$

$$D_0=\frac{P}{4}\left(1-\frac{a^2}{l^2}\right)=\frac{P}{4}\left(1-\frac{49}{144}\right)=P\cdot0{,}165$$

$$X_1=\frac{P}{8}=\qquad\qquad\qquad\qquad=P\cdot0{,}125$$

$$X_2=\frac{P}{4}\cdot\frac{(7+2\cdot2{,}5)+(3\cdot7+2\cdot2{,}5)\cdot1}{(7+2\cdot2{,}5)(1+1)+(3\cdot7+2\cdot2{,}5)\left(1+\dfrac{144}{49}\right)}=P\cdot0{,}075$$

$$X_3 = \frac{P}{4} \cdot \frac{\frac{7}{12}(7 + 2 \cdot 2,5) \cdot 1 + \frac{12}{7}(3 \cdot 7 + 2 \cdot 2,5)}{(7 + 2 \cdot 2,5)(1 + 1) + (3 \cdot 7 + 2 \cdot 2,5)\left(1 + \frac{144}{49}\right)} = P \cdot 0,102$$

$$X_4 = \frac{P}{8} \cdot \frac{a}{l} = \frac{P}{8} \cdot \frac{7}{12} = \qquad\qquad = P \cdot 0,073.$$

Übrigens war die Herleitung der Formel für X_3 nicht einmal nötig. Verlegt man nämlich die Größen X_3 bei der Teilbelastung III nach den Endpunkten der anderen Zwischenträger, dann hat man denselben Zustand wie bei der Teilbelastung II und es gilt die oben aufgestellte Formel (1) ohne weiteres auch für X_3.

Die Berechnung des Tragwerks, die nach den üblichen Regeln kaum durchführbar erscheint, schrumpft, wie wir sehen, bei Anwendung des Verfahrens der Belastungsanordnung zu einem spielend einfachen Exempel zusammen.

Es lassen sich nunmehr leicht die Momente und Querkräfte an den einzelnen Trägern aufstellen. Man betrachtet dabei zweckmäßig jede Teilbelastung für sich und wirft die Ergebnisse nachher zusammen.

Das größte Moment erleiden die Zwischenträger im Punkte a, der Angriffstelle der Last.

Es ist:

$$\begin{aligned} M_a &= X_1 \cdot b + X_2 \cdot b + X_3 \cdot b + X_4 \cdot b \\ &= \{P \cdot 0,125 + P \cdot 0,075 + P \cdot 0,102 + P \cdot 0,073\} \cdot 2,5 \\ &= P \cdot 0,9375 \text{ t} \cdot \text{m}. \end{aligned}$$

Das nächst größte Moment erscheint in den Punkten e oder i des Außenträgers.

Es ergibt sich:

$$M_e = M_i = X_1 \cdot b + X_2 \cdot \frac{a}{l} \cdot b + X_3 \cdot b + X_4 \cdot \frac{a}{l} \cdot b$$

$$= \left\{P \cdot 0,125 + P \cdot 0,075 \cdot \frac{7}{12} + P \cdot 0,102 + P \cdot 0,073 \cdot \frac{7}{12}\right\} \cdot 2,5$$

$$= P \cdot 0,7850 \text{ t} \cdot \text{m}.$$

Über die Inanspruchnahme der Konstruktion durch Verwinden, wenn einer der Wagen infolge starker Eindrückung der Schiene frei in der Luft schwebt, wurde unter Beispiel 1 und 2 näheres mitgeteilt.

Beispiel 4. Ein fahrbarer Drehkran von 50 t Tragfähigkeit mit einziehbarem Ausleger nach Abbildung 24.

Die Rollenanordnung am Auslegerschnabel und die Unterflasche mögen sein wie bei Beispiel 1. Das Hubseil wird über eine am Auslegerobergurt angebrachte Zwischenrolle geleitet. Die Einführung des Seilzuges $2 \cdot Z$ am Hubwerk in die Krankonstruktion erfolgt dem Prinzip nach durch die beiden Zwischenstäbe d und D_3'. Der Ausleger wird durch Annäherung der Punkte 1 und 2 eingezogen.

Während bei dem vorhergehenden ortsfesten Kran der Drehkreis (Schienenring) unmittelbar auf dem Boden verlagert war, liegt er hier auf einem Unterwagen, der ein Verfahren des ganzen Kranes gestattet. Die Dreheinrichtung, also der Kranboden mit seinen vier Fahrwagen und dem Königstuhl, ist dieselbe wie bei Beispiel 1. Nur wurde der Boden in diesem Falle rechteckig statt quadratisch ausgebildet. Der fahrbare Unterwagen ist quadratisch und besteht aus vier Außenträgern mit eckverbindenden Diagonalen. Im Kreuzpunkt der letzteren ruht der Königstuhl. Dem Schienenring wird außer der Lagerung auf den Außenträgern noch eine besondere Stützung durch schräge Eckverbindungen gegeben. Wie die Abb. 24 und 26 erkennen lassen, sind vier Fahrwagen angeordnet, unter jeder Ecke einer.

Bei der großen Ausladung des Krans ist es angebracht, das Gegengewicht Q rückwärts ein Stück auskragen zu lassen. Man kann die Verhältnisse so wählen bzw. einrichten, daß das größte Kippmoment nach links so groß ist wie das größte Kippmoment nach rechts. Das größte Kippmoment nach links entsteht bei weitester Ausladung und angehängter Last P. Das größte Kippmoment nach rechts tritt ein, wenn der Ausleger eingezogen und unbelastet ist.

Nach Maßgabe der Bezeichnung in den Abb. 24, 25 und 26, und wenn n den Sicherheitsgrad gegen Kippen bedeutet, kann man anschreiben:

1. Kran ganz ausgeladen mit angehängter Last

$$n \cdot P \cdot a_1 = G \cdot b_1 + Q \cdot (c_1 + d),$$

hieraus

$$Q = \frac{n \cdot P \cdot a_1 - G \cdot b_1}{c_1 + d}.$$

2. Kran ganz eingezogen ohne Last P

$$n \cdot Q \cdot d = G \cdot (c_1 - b_2),$$

hieraus

$$Q = \frac{G \cdot (c_1 - b_2)}{n \cdot d}.$$

Setzt man beide Werte einander gleich

$$\frac{n \cdot P \cdot a_1 - G \cdot b_1}{c_1 + d} = \frac{G \cdot (c_1 - b_2)}{n \cdot d},$$

dann ergibt sich

$$d = \frac{G \cdot c_1 (c_1 - b_2)}{n (P \cdot a_1 \cdot n - G \cdot b_1) - G \cdot (c_1 - b_2)}.$$

Es sei $a_1 = 18{,}0$ m, $a_2 = 9{,}0$ m, $b_1 = 1{,}5$ m, $b_2 = 2{,}5$ m, $c_1 = 8{,}0$ m, $n = 1{,}5$fach, $P = 50$ t, $G = 30$ t.

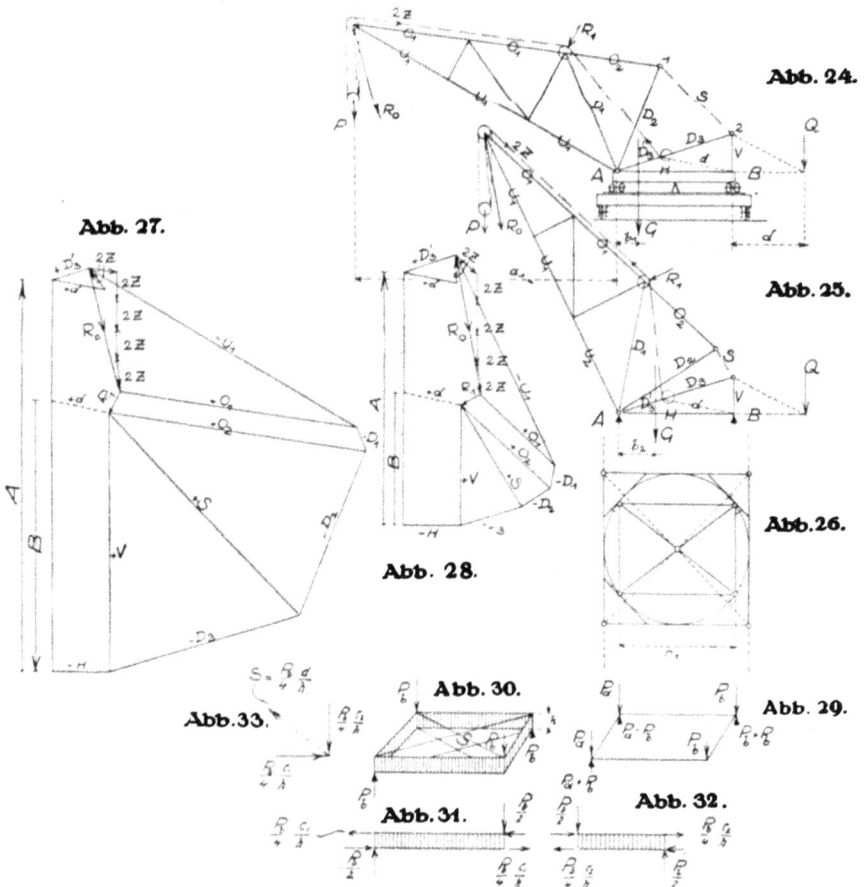

Abb. 24.

Abb. 27.

Abb. 25.

Abb. 28.

Abb. 26.

Abb. 33.

Abb. 30.

Abb. 29.

Abb. 31.

Abb. 32.

Die Zahlen liefern

$$d = \frac{30 \cdot 8 \cdot (8 - 2,5)}{1,5 \, (50 \cdot 18 \cdot 1,5 - 30 \cdot 1,5) - 30 \, (8 - 2,5)} = 0,735 \text{ m.}$$

Als Ballastgewicht erhält man nach einer der obigen beiden Formeln, z. B. nach der zweiten

$$Q = \frac{G \cdot (c_1 - b_2)}{n \cdot d} = \frac{30 \cdot (8 - 2,5)}{1,5 \cdot 0,735} = 149 \text{ t.}$$

Die Bedingung, linksdrehendes Moment gleich rechtsdrehendes Moment kann natürlich nur bei den ermittelten Werten für d und Q erfüllt werden. Bietet das Gerüst dem Wind eine erhebliche Angriffsfläche, dann muß bei den oben angeschriebenen Beziehungen noch das Moment $H \cdot h$ aus dem Winddruck im Sinne des Momentes aus $P \cdot a_1$ bzw. $Q \cdot d$ eingeführt werden. Bei angehängter Vollast rechnet man mit schwachem Winde, bei eingezogenem leeren Ausleger wird gewöhnlicher Winddruck angenommen.

Für die Berechnung des Auslegers sind seine verschiedensten Stellungen ins Auge zu fassen. Es ist wohl anzunehmen, daß die Stabkräfte ihren größten Wert erreichen, wenn der Ausleger am weitesten ausladet. Das trifft aber nicht immer zu. Je nach der Gliederung des Gerüstes ist es möglich, daß einzelne Stäbe bei Zwischenstellungen, oder gar wenn der Ausleger gänzlich eingezogen ist, am ungünstigsten in Anspruch genommen werden. Um sich zu überzeugen, wurden bei der vorliegenden Aufgabe die beiden äußersten Grenzstellungen, also Ausleger ganz ausgeladen und Ausleger ganz eingezogen, für die Belastung durch die Nutzlast P untersucht. Siehe die Kräftepläne Abb. 27 und 28. Zu den Plänen möge folgendes erläuternd bemerkt werden. Man reiht die Seilzüge aus der Unterflasche und den Anzug des Hubseiles aneinander und findet die Resultierende R_0 in der Achse der Schnabelrollen. Diese Kraft liefert die Spannkräfte der Gurtstäbe O_1 und U_1. An den Kräftezug schließt sich sodann die Mittelkraft R_1 aus den beiden Seilzügen an der Überlaufrolle. Endlich hat man noch am Beginn der Reihe den Seilzug des Hubwerkes anzusetzen. Die Pläne lassen die Auffindung der weiteren Stabkräfte und der senkrechten Auflagerdrucke des Gerüstes am Kranboden ersehen. Es ist zu beachten, daß die wahre Spannkraft des Stabes D_3' sich ergibt mit dem Unterschied $D_3 - D_3'$. Der Einfachheit wegen wurde bei den Kräfteplänen das Gegengewicht Q außer acht gelassen; es steht nichts im Wege,

diesen Einfluß regelrecht mit einzuführen. Die gefundenen Spannkräfte und Drucke gelten für beide Auslegerwände und für die Projektion derselben gegen die Schaufläche; vergleiche die Ausführungen
unter Beispiel 1. Besondere Aufmerksamkeit gilt der Anspannung S
der Einziehvorrichtung zwischen den Punkten 1 und 2. Das Feld
1 — 2 — 2 — 1 (Querrichtung) ist offen, während die Knoten 2 — 2
und 1 — 1 in Querrichtung durch diagonale Stäbe festgelegt
werden.

Als Ersatz für die Wirkung von Massenkräften infolge Drehen,
Fahren oder Hemmen des Kranes wird, da die Kräfte sich doch nicht
sicher nachweisen lassen, einfach ein Schrägzug der Last eingeführt.
Die hierbei zustande kommende wagerechte Kraft H am Auslegerschnabel kann mit etwa $\frac{1}{10}$ der Nutzlast angenommen werden.
Der Schub liefert Zusatzkräfte und Zusatzspannungen für das gesamte Krangerüst. Näheres hierüber siehe Beispiel 1.

In ähnlicher Weise wie für die Nutzlast ist das Gerüst auch für
Eigengewicht zu untersuchen. Es möge auch darauf hingewiesen
werden, daß in vorliegendem Falle, wo die Basis des Drehgestells
kleiner ist als die Basis des unteren Fahrgestells, die Stabilität des
Kranes, wie sie oben hinsichtlich des Drehkreises ermittelt wurde,
mindestens auch in Beziehung auf die untere Fahrschiene gewähr-
leistet ist.

Die Berechnung des rechteckigen Kranbodens erfolgt ähnlich
wie die Berechnung der unter Beispiel 1 vorgeführten quadratischen
Platte. Wir nehmen wieder an, daß infolge starker Eindrückung
der Fahrschiene (Bodensenkung) einer der Fahrwagen des Drehgestells
stellenweise frei in der Luft schwebt und haben dann den in der
Abb. 29 dargestellten Belastungsfall. Der Zustand hat zur Voraussetzung, daß das untere Fahrgestell keinen Widerstand im Sinne
einer Verwindung zu äußern imstande ist. Die Sachlage ist also so,
daß die drei tragenden Fahrwagen außer den ihnen unmittelbar zukommenden Eckdrucken noch die Last an der freischwebenden
Ecke aufzunehmen haben. Die tatsächlichen Drucke auf die Wagen
sind in der Abb. 29 angegeben. Die Abb. 30 zeigt die für die Berechnung des Tragwerks in Betracht kommende Belastung. Das
System bedingt diagonale Stabverbindungen zwischen den Ecken,
sowohl in der Ober- wie in der Untergurtebene. In den Abb. 31
und 32 sind die Außenträger des Rechteckes herausgezeichnet. Die
Figuren enthalten auch die zum Gleichgewicht der Balken erforder-

lichen Kräfte. Die Herkunft derselben ist ohne weiteres klar. Das Moment an den Enden der Balken beträgt

$$M = \frac{P_b}{4} \cdot \frac{c_1}{h} \cdot h = \frac{P_b}{4} \cdot c_1.$$

Das Moment in der Mitte ist Null.

Die Gurtspannkräfte der Träger bedingen, wie die Abb. 33 zeigt, eine Anspannung der diagonalen Stäbe.

Wie bei Beispiel 2 erscheint es geboten, auch hier einmal anzunehmen, daß das Krangerüst nicht unmittelbar auf die Ecken des Bodens aufsetzt, sondern auf vier zwischengelagerten Punkten ruht. Wählt man die Gliederung des Tragwerks nach Abb. 12, dann hat man ein statisch bestimmbares System, dessen Berechnung wie früher leicht durchgeführt werden kann. Schwieriger gestaltet sich die Aufgabe, wenn alle Zwischenträger durchgehend bis zu den Außenträgern angeordnet werden. Man hat dann den Fall wie unter Beispiel 3, nur mit dem Unterschied, daß das Gebilde nicht quadratisch sondern rechteckig ist. Es erübrigt sich, die bei jenem Beispiel gemachten Bemerkungen hinsichtlich der statischen Wirkungsweise des Systems zu wiederholen; die Verhältnisse liegen hier ebenso. Die Aufgabe möge im folgenden näher untersucht werden.

Beispiel 5. Ein Kranboden zu einem fahrbaren Drehkran nach Abbildung 34.

Als allgemeinste Belastung wird, wie früher, die einseitig angreifende Last P angenommen. Die Aufgabe ist vierfach innerlich statisch unbestimmt. Die Eckdrucke (Drucke auf die Fahrwagen) sind statisch ohne weiteres ermittelbar. Als unbekannte Größen führt man zweckmäßig wieder die Reaktionen der Zwischenträgerenden an den Außenträgern ein: X_i, X_k, X_l und X_m. Die Werte lassen sich nach den bei Beispiel 3 angeschriebenen Bedingungsgleichungen ermitteln. Man erhält danach vier Elastizitätsgleichungen mit ebensoviel Unbekannten. Eine kurze Überlegung führt zu der Erkenntnis, daß dieser Weg wegen der ungeheuren Mühen praktisch nicht beschritten werden kann.

Man kommt der Aufgabe ohne Schwierigkeiten bei, wenn man, wie früher, das Verfahren der Belastungsumordnung anwendet. Wir setzen an Stelle der Grundbelastung durch P die Teilbelastungen I, II, III und IV. Abb. 36, 37, 38 und 39. Bei jeder derselben erscheint aus Symmetriegründen immer nur eine einzige statisch unbestimmte Größe, die jedesmal selbständig für sich berechnet werden kann.

Teilbelastung I. Ermittlung von X_1 nach

$$\int \frac{M_x}{J \cdot E} \cdot \frac{\partial M_x}{\partial X_1} \cdot dx = 0,$$

Teilbelastung II. Ermittlung von X_2 nach

$$\int \frac{M_x}{J \cdot E} \cdot \frac{\partial M_x}{\partial X_2} \cdot dx = 0,$$

Teilbelastung III. Ermittlung von X_3 nach

$$\int \frac{M_x}{J \cdot E} \cdot \frac{\partial M_x}{\partial X_3} \cdot dx = 0,$$

Teilbelastung IV. Ermittlung von X_4 nach

$$\int \frac{M_x}{J \cdot E} \cdot \frac{\partial M_x}{\partial X_4} \cdot dx = 0.$$

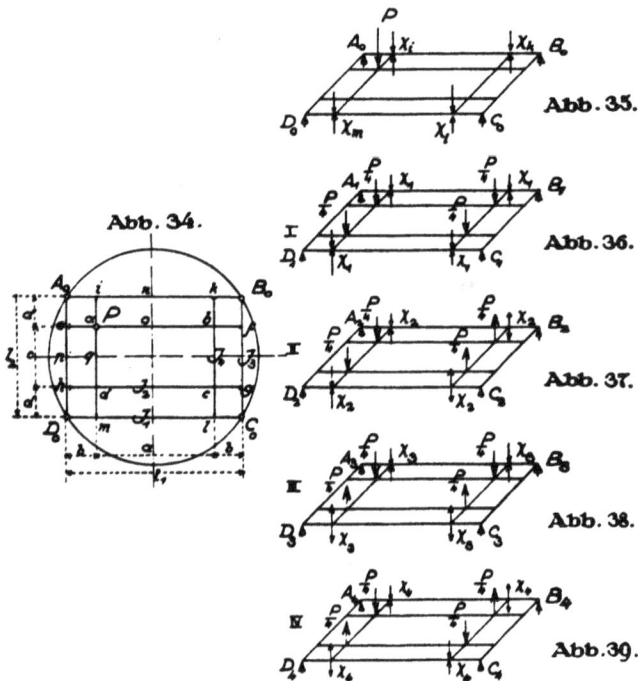

Abb. 35.

Abb. 34.

Abb. 36.

Abb. 37.

Abb. 38.

Abb. 39.

Die Auflagerdrucke (Eckdrucke auf die Fahrwagen) ergeben sich wie früher nach den Teilbelastungen wie folgt

$$A_0 = \frac{P}{4} + \frac{P}{4} \cdot \frac{a}{l_1} + \frac{P}{4} \cdot \frac{c}{l_2} + \frac{P}{4} \cdot \frac{a}{l_1} \cdot \frac{c}{l_2} = \frac{P}{4}\left(1 + \frac{a}{l_1}\right)\left(1 + \frac{c}{l_2}\right)$$

$$B_0 = \frac{P}{4} - \frac{P}{4} \cdot \frac{a}{l_1} + \frac{P}{4} \cdot \frac{c}{l_2} - \frac{P}{4} \cdot \frac{a}{l_1} \cdot \frac{c}{l_2} = \frac{P}{4}\left(1 - \frac{a}{l_1}\right)\left(1 + \frac{c}{l_2}\right)$$

$$C_0 = \frac{P}{4} - \frac{P}{4} \cdot \frac{a}{l_1} - \frac{P}{4} \cdot \frac{c}{l_2} + \frac{P}{4} \cdot \frac{a}{l_1} \cdot \frac{c}{l_2} = \frac{P}{4}\left(1 - \frac{a}{l_1}\right)\left(1 - \frac{c}{l_2}\right)$$

$$D_0 = \frac{P}{4} + \frac{P}{4} \cdot \frac{a}{l_1} - \frac{P}{4} \cdot \frac{c}{l_2} - \frac{P}{4} \cdot \frac{a}{l_1} \cdot \frac{c}{l_2} = \frac{P}{4}\left(1 + \frac{a}{l_1}\right)\left(1 - \frac{c}{l_2}\right).$$

Bei Herleitung der statisch unbestimmten Größen nach den obigen Bedingungsgleichungen zeichnet man nach dem Beispiel der Abb. 19 bis 23 zweckmäßig die einzelnen Träger mit ihren Belastungen besonders heraus. Unter Beispiel 3 wurde eine der Unbekannten ausführlich abgeleitet. In ähnlicher Weise geht man auch hier vor und erhält der Reihe nach

Teilbelastung I:

$$X_1 = \frac{P}{4} \cdot \frac{b^2(3 \cdot a + 2 \cdot b) + d^2(3 \cdot c + 2 \cdot d)\frac{J_2}{J_3}}{b^2(3 \cdot a + 2 \cdot b)\left(\frac{J_2}{J_1} + 1\right) + d^2(3 \cdot c + 2 \cdot d)\left(\frac{J_2}{J_3} + \frac{J_2}{J_4}\right)}$$

Teilbelastung II:

$$X_2 = \frac{P}{4} \cdot \frac{b^2(a + 2 \cdot b) + d^2(3 \cdot c + 2 \cdot d)\frac{J_2}{J_3}}{b^2(a + 2b)\left(\frac{J_2}{J_1} + 1\right) + d^2(3 \cdot c + 2 \cdot d)\left(\frac{J_2}{J_3} + \frac{l_1^2}{a^2} \cdot \frac{J_2}{J_4}\right)}$$

Teilbelastung III:

$$X_3 = \frac{P}{4} \cdot \frac{\frac{b^2 \cdot l_2}{c}(3 \cdot a + 2 \cdot b) + \frac{c \cdot d^2}{l_2}(c + 2 \cdot d)\frac{J_2}{J_3}}{b^2(3 \cdot a + 2 \cdot b)\left(\frac{J_2}{J_1} + \frac{l_2^2}{c^2}\right) + d^2(c + 2 \cdot d)\left(\frac{J_2}{J_3} + \frac{J_2}{J_4}\right)}$$

Teilbelastung IV:

$$X_4 = \frac{P}{4} \cdot \frac{\frac{b^2 \cdot l_2}{c}(a + 2 \cdot b) + \frac{c \cdot d^2}{l_2}(c + 2 \cdot d)\frac{J_2}{J_3}}{b^2(a + 2 \cdot b)\left(\frac{J_2}{J_1} + \frac{l_2^2}{c^2}\right) + d^2(c + 2 \cdot d)\left(\frac{J_2}{J_3} + \frac{l_1^2}{a^2} \cdot \frac{J_2}{J_4}\right)}.$$

Es möge folgendes Zahlenbeispiel angenommen werden:

$a = 3$ m, $b = 2$ m, $c = 1,5$ m, $d = 1$ m, $l_1 = 7$ m, $l_2 = 3,5$ m.

$$J_1 = J_2 = J_3 = J_4.$$

Dann liefern die obigen Formeln:

$$A_0 = \frac{P}{4}\left(1 + \frac{3}{7}\right)\left(1 + \frac{1,5}{3,5}\right) = P \cdot 0{,}510$$

$$B_0 = \frac{P}{4}\left(1 - \frac{3}{7}\right)\left(1 + \frac{1,5}{3,5}\right) = P \cdot 0{,}204$$

$$C_0 = \frac{P}{4}\left(1 - \frac{3}{7}\right)\left(1 - \frac{1,5}{3,5}\right) = P \cdot 0{,}082$$

$$D_0 = \frac{P}{4}\left(1 + \frac{3}{7}\right)\left(1 - \frac{1,5}{3,5}\right) = P \cdot 0{,}204$$

$$X_1 = \frac{P}{4} \cdot \frac{4\,(3 \cdot 3 + 2 \cdot 2) + 1\,(3 \cdot 1,5 + ? \cdot 1)}{4\,(3 \cdot 3 + 2 \cdot 2) \cdot 2 + 1\,(3 \cdot 1,5 + 2 \cdot 1) \cdot 2} = P \cdot 0{,}125$$

$$X_1 = \frac{P}{4} \cdot \frac{4\,(3 + 2 \cdot 2) + 1\,(3 \cdot 1,5 + 2 \cdot 1)}{4\,(3 + 2 \cdot 2) \cdot 2 + 1\,(3 \cdot 1,5 + 2 \cdot 1)\left(1 + \frac{49}{9}\right)} = P \cdot 0{,}088$$

$$X_3 = \frac{P}{4} \cdot \frac{\frac{4 \cdot 3,5}{1,5}\,(3 \cdot 3 + 2 \cdot 2) + \frac{1,5 \cdot 1}{3,5}\,(1,5 + 2 \cdot 1)}{4\,(3 \cdot 3 + 2 \cdot 2)\left(1 + \frac{12,25}{2,25}\right) + 1\,(1,5 + 2 \cdot 1) \cdot 2} = P \cdot 0{,}089$$

$$X_4 = \frac{P}{4} \cdot \frac{\frac{4 \cdot 3,5}{1,5}\,(3 + 2 \cdot 2) + \frac{1,5 \cdot 1}{3,5}\,(1,5 + 2 \cdot 1)}{4\,(3 + 2 \cdot 2)\left(1 + \frac{12,25}{2,25}\right) + 1\,(1,5 + 2 \cdot 1)\left(1 + \frac{49}{9}\right)} = P \cdot 0{,}082.$$

Die größten Momente erscheinen an der Angriffstelle der Last P und im Punkt i des Außenträgers. Man geht wieder den einzelnen Teilbelastungen nach und erhält

Außenträger:

$$M_i = X_1 \cdot b + X_2 \cdot \frac{a}{l_1} \cdot b + X_3 \cdot b + X_4 \cdot \frac{a}{l_1} \cdot b$$

$$= P \cdot 0{,}125 \cdot 2 + P \cdot 0{,}088 \cdot \frac{3}{7} \cdot 2 + P \cdot 0{,}089 \cdot 2 + P \cdot 0{,}082 \cdot \frac{3}{7} \cdot 2$$

$$= P \cdot 0{,}250 + P \cdot 0{,}075 + P \cdot 0{,}178 + P \cdot 0{,}071$$

$$= P \cdot 0{,}574 \, t \cdot m.$$

Zwischenträger $e - f$:

$$M_a = \frac{P}{4} \cdot b - X_1 \cdot b + \frac{P}{4} \cdot \frac{a}{l_1} \cdot b - X_2 \cdot \frac{a}{l_1} \cdot b + \frac{P}{4} \cdot b - X_3 \cdot \frac{l_2}{c} \cdot b$$

$$+ \frac{P}{4} \cdot \frac{a}{l_1} \cdot b - X_4 \cdot \frac{a}{l_1} \cdot \frac{l_2}{c} \cdot b$$

$$= P \cdot 0{,}250 \cdot 2 - P \cdot 0{,}125 \cdot 2 + P \cdot 0{,}250 \cdot \frac{3}{7} \cdot 2$$

$$- P \cdot 0{,}088 \cdot \frac{3}{7} \cdot 2 + P \cdot 0{,}250 \cdot 2 - P \cdot 0{,}089 \cdot \frac{3{,}5}{1{,}5} \cdot 2$$

$$+ P \cdot 0{,}250 \cdot \frac{3}{7} \cdot 2 - P \cdot 0{,}082 \cdot \frac{3}{7} \cdot \frac{3{,}5}{1{,}5} \cdot 2$$

$$= P \cdot 0{,}500 - P \cdot 0{,}250 + P \cdot 0{,}214 - P \cdot 0{,}075 + P \cdot 0{,}500$$
$$- P \cdot 0{,}414 + P \cdot 0{,}214 - P \cdot 0{,}164$$

$$= P \cdot 0{,}525 \, t \cdot m.$$

Zwischenträger $i - m$:

$$M_a = X_1 \cdot d + X_2 \cdot d + X_3 \cdot d + X_4 \cdot d$$
$$= P \cdot 0{,}125 \cdot 1 + P \cdot 0{,}088 \cdot 1 + P \cdot 0{,}089 \cdot 1 + P \cdot 0{,}082 \cdot 1$$
$$= P \cdot 0{,}384 \, t \cdot m.$$

Praktisch wird das Tragwerk nicht durch eine einzige Last P sondern durch vier verschieden große Lasten P_a, P_b, P_c und P_d angegriffen. Das ändert aber nichts am Wesen der Aufgabe. Man ordnet jede der anderen Lasten genau so um wie oben und setzt nachher die einzelnen Belastungszustände einfach zusammen. Man erhält dann wieder die Teilbelastungen I, II, III und IV, deren Unbekannten X_1, X_2, X_3 und X_4 in derselben Weise wie früher ermittelt werden. Der Fall unterscheidet sich, wie gesagt, nicht im geringsten von der untersuchten Einzelbelastung und ist ebenso leicht und bequem zu handhaben [1]).

---

[1]) Der die Kreisschiene tragende Ring im Kranboden kann bei gewissen Ausführungsarten erhebliche Beanspruchung insbesondere auf Verwinden erleiden. Eine Lösung dieser problematischen Aufgabe wurde in meiner Schrift ›Das BU-Verfahren‹, Verlag R. Oldenbourg, München, mitgeteilt.

Ermittlung der Raddrucke von Drehscheibenkranen.

Ein Drehscheibenkran setzt sich aus zwei Teilen zusammen, dem drehbaren Oberteil und dem fahrbaren Unterteil. Dieser kann ein flacher Wagen sein oder ein hohes Gerüst (Portal, Halbportal) bilden. Seine Stützung erfolgt in der Regel auf vier im Rechteck liegende Fahrwagen. Der Oberteil ist durch einen Königzapfen zentriert und dreht sich auf einem Schienenkreis. In der Abb. 40 ist die Anordnung eines solchen Kransystems im wagerechten Grundriß zur Darstellung gebracht. A, B, C und D bedeuten die Stützpunkte des Unterwagens. Der Schienenkreis des Oberteils wird durch zwei Hauptträger und durch zwei Zwischenträger auf dem Unterteil gelagert. Unmittelbar wird der Drehkranz noch durch schräg eingewechselte Träger zwischen den Haupt- und Zwischenbalken abgefangen. Entspricht die Wirklichkeit dieser Trägeranordnung, und setzt man voraus, daß Verwindungswiderstände der Tragglieder nicht eintreten, dann sind die Stützendrucke A, B, C und D des Unterwagens statisch bestimmbar. Gewöhnlich trifft das aber nicht zu, besonders nicht bei hohen, massig ausgebildeten Unterwagen, man wird jedoch sein Augenmerk darauf richten, daß diese statisch wich-

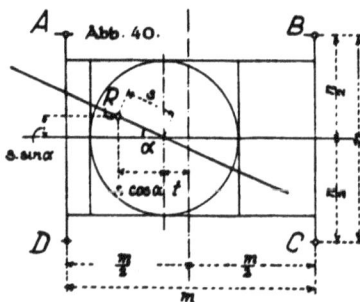

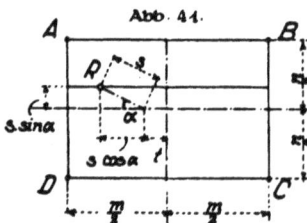

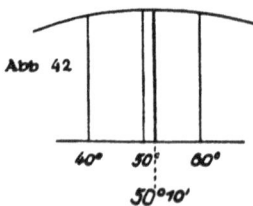

tige Sachlage so gut wie möglich zustande kommt. Aber abgesehen von den genannten Einflüssen auf die statische Wirksamkeit der Konstruktion müssen noch andere Bedingungen geschaffen werden, um die gewünschte Eindeutigkeit der Stützpunkte zu erzielen. Betrachten wir einmal die Trägeranordnung der Abb. 40, so können wir von ihr aussagen, daß sie in bezug auf die Hauptlängsachse eine gewisse geometrische und statische Symmetrie aufweist. Zur Charakteristik einer solchen Symmetrie wird auf die Abb. 43 verwiesen. Wohl findet hier eine statisch bestimmte Verteilung der Lasten auf die Stützpunkte A, B, C und D statt, jedoch nicht nach dem Prinzip wie bei der Trägeranlage in der Abb. 40. Dies wird deutlich, wenn man den durchgehenden diagonalen Balken von D nach B gelegt denkt. Dann würde eine Last R im Punkte a lediglich nur Druck auf D und B abgeben, und die Stützen A und C blieben unbelastet. Eine solche Verteilung der Last wäre höchst unrationell. Dieses Beispiel zeigt, daß eine geometrische Symmetrie allein nicht genügt, um eine regelrechte Übertragung der Last auf alle vier Fahrwerke herbeizuführen, daß dazu vielmehr noch eine statische Symmetrie gehört. Um auch diese herzustellen, bedarf es nur der Durchführung auch des anderen diagonalen Trägers, der bisher an der Kreuzungsstelle nur eingehängt gedacht war.

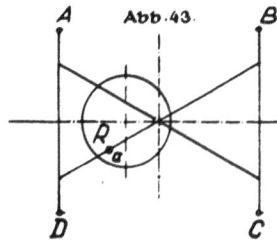
Abb. 43.

Aber dann wird das System statisch unbestimmbar, das heißt, die Stützendrucke sind abhängig von dem elastischen Verhalten der Konstruktion und unterliegen in erheblichem Maße dem Einflusse von Unregelmäßigkeiten in der Höhenlage der Laufschienen der Fahrwerke. Trägeranordnungen dieser wie auch anderer Art, die die Lasten unrationell bzw. statisch nicht sicher auf die Fahrwerke abgeben, sind praktisch nicht gut brauchbar. Jene charakteristische geometrische und statische Symmetrie, bei welcher rationelle und statisch entschiedene Stützendrucke zustande kommen, besteht in der Trägeranordnung Abb. 40.

Die Wirkungsweise ist hier so, daß an Stelle der einzelnen Raddrucke des drehbaren Oberteiles auf den Schienenkreis einfach die Mittelkraft R aus den Eigengewichten und der Nutzlast eingeführt werden kann. R stellt also die Gesamtbelastung aus dem drehbaren Oberteil dar und liegt in der Auslegerachse. Der Abstand der Last von Mitte Königzapfen sei s. Der Drehwinkel des Auslegers in bezug auf die Längsachse des Unterteils werde mit a bezeichnet. Ferner möge t das Maß sein, um welches der Königzapfen in Richtung der genannten Längsachse außerhalb der Mitte des Unterteils liegt. Der Radstand des Unterwagens sei n, der Schienenabstand m.

Zwecks Bestimmung der Drucke auf die vier Fahrwagen kann man an Stelle der Trägeranordnung in der Abb. 40 die Trägeranordnung in der Abb. 41 einführen. Nach den einfachen Hebelgesetzen hat man dann

$$A = R \cdot \frac{\frac{m}{2} + s \cdot \cos a + t}{m} \cdot \frac{\frac{n}{2} + s \cdot \sin a}{n}$$

oder

$$A = \frac{R}{4}\left(1 + 2 \cdot \frac{s \cdot \cos a + t}{m}\right)\left(1 + 2 \cdot \frac{s \cdot \sin a}{n}\right).$$

In derselben Weise findet man

$$B = \frac{R}{4}\left(1 - 2 \cdot \frac{s \cdot \cos a + t}{m}\right)\left(1 + 2 \cdot \frac{s \cdot \sin a}{n}\right)$$

$$C = \frac{R}{4}\left(1 - 2 \cdot \frac{s \cdot \cos a + t}{m}\right)\left(1 - 2 \cdot \frac{s \cdot \sin a}{n}\right)$$

$$D = \frac{R}{4}\left(1 + 2 \cdot \frac{s \cdot \cos a + t}{m}\right)\left(1 - 2 \cdot \frac{s \cdot \sin a}{n}\right).$$

Diese Formeln haben unbeschränkte Gültigkeit. Sie gelten für jeden Winkel von 0 bis 360°, ferner für jedes beliebige Maß s und t, auch wenn diese Größen über das Trägersystem hinaustreten.

Die Drucke sind eine Funktion vom Winkel a. Der Druck A wird am größten bei einem bestimmten Wert a. Dasselbe gilt für das Minimum des Druckes C. Differenziert man die Gleichung beispielsweise für A nach a und setzt den Differentialquotienten gleich Null, so ergibt sich für den Winkel, bei welchem A ein Maximum wird, eine Funktion vierten Grades, die nur außerordentlich schwierig zu lösen ist. Wir verlassen daher diesen Weg und gehen einfach so vor, daß wir probeweise einige Winkel in die Formel für A einsetzen, die Ergebnisse zeichnerisch auftragen und hierauf mit größter Annäherung denjenigen Winkel abgreifen, bei dem A das Maximum erreicht. Ebenso wollen wir bei Bestimmung des Minimums von C vorgehen.

Es möge einmal angenommen werden:

$$m = 10 \text{ m}, \; n = 8 \text{ m}, \; s = 2 \text{ m}, \; t = 1 \text{ m}.$$

Dann wird

$$A = \frac{R}{4}\{1 + 0{,}20\,(2 \cdot \cos \alpha + 1)\}\{1 + 0{,}50 \cdot \sin \alpha\}.$$

Der Größtwert von A entsteht schätzungsweise zwischen den Winkeln $\alpha = 40^0$ und 60^0.

Einführung von $\alpha = 40^0$:

$$A = \frac{R}{4}\{1 + 0{,}20\,(2 \cdot 0{,}76604 + 1)\}\{1 + 0{,}50 \cdot 0{,}64279\}$$

$$= \frac{R}{4}\{1 + 0{,}506416\}\{1 + 0{,}321395\} = \frac{R}{4} \cdot 1{,}991.$$

Einführung von $\alpha = 50^0$:

$$A = \frac{R}{4}\{1 + 0{,}20\,(2 \cdot 0{,}64279 + 1)\}\{1 + 0{,}50 \cdot 0{,}76604\}$$

$$= \frac{R}{4}\{1 + 0{,}457116\}\{1 + 0{,}38302\} = \frac{R}{4} \cdot 2{,}015.$$

Einführung von $\alpha = 60^0$:

$$A = \frac{R}{4}\{1 + 0{,}20\,(2 \cdot 0{,}50000 + 1)\}\{1 + 0{,}50 \cdot 0{,}86603\}$$

$$= \frac{R}{4}\{1 + 0{,}40000\}\{1 + 0{,}43302\} = \frac{R}{4} \cdot 2{,}006.$$

Wir tragen die drei Ergebnisse nach der Abb. 42 als Ordinaten über den zugehörigen Winkeln auf, ziehen die Kurve und finden, daß das Maximum von A ziemlich genau bei $\alpha = 50^0\,10'$ eintritt.

Einführung von $\alpha = 50^0\,10'$:

$$A_{max} = \frac{R}{4}\{1 + 0{,}20\,(2 \cdot 0{,}64056 + 1)\}\{1 + 0{,}50 \cdot 0{,}76791\}$$

$$= \frac{R}{4}\{1 + 0{,}456224\}\{1 + 0{,}383955\} = \frac{R}{4} \cdot 2{,}0154 = R \cdot 0{,}504.$$

Der Kleinstwert von C entsteht, wie einige Proben zeigen, ziemlich genau bei $\alpha = 40^0$.

Einführung von $\alpha = 40^0$:

$$C_{min} = \frac{R}{4}\{1 - 0{,}50642\}\{1 - 0{,}32139\} = \frac{R}{4} \cdot 0{,}334 = R \cdot 0{,}084.$$

Beispiel 6. Fahrbarer Drehscheibenkran nach Abbildung 44.

Nutzlast 1,5 t. Ausladung 17,5 m. Gewicht des Drehteils 29,5 t. Somit $R = 31$ t. Schwerpunktsabstand der Last vom Königzapfen $s = 1,15$ m. Durchmesser des Schwenkkranzes 3,40 m. Radstand $n = 4,4$ m. Schienenabstand $m = 3,40$ m.

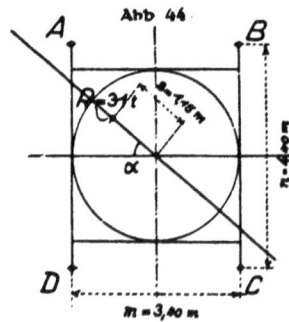

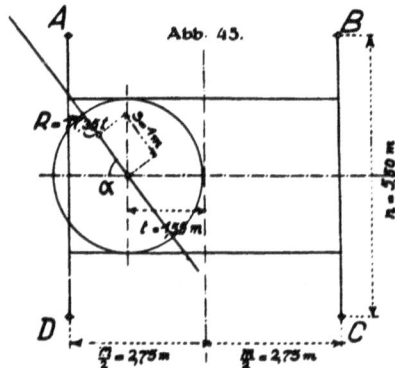

Der Größtwert des Druckes auf den Fahrwagen A tritt fast genau ein bei dem Winkel $\alpha = 40°$. Dies ergibt sich nach probeweiser Einführung der Winkel 30°, 40° und 50°.

$$A_{max} = \frac{R}{4}\left\{1 + \frac{2}{3,40}(1,15 \cdot 0,76604 + 0)\right\}\left\{1 + \frac{2}{4,4} \cdot 1,15 \cdot 0,64279\right\}$$

$$= \frac{31}{4}\{1 + 0,5182\}\{1 + 0,3360\} = 15,72 \text{ t}.$$

Der Kleinstwert des Druckes auf den Fahrwagen C ergibt sich leicht, wenn man probeweise die Winkel 10°, 20° und 30° einsetzt. Man findet $\alpha = \infty\, 20°$.

$$C_{min} = \frac{R}{4} \left\{ 1 - \frac{2}{3,40} (1,15 \cdot 0,93969 + 0) \right\} \left\{ 1 - \frac{2}{4,4} \cdot 1,15 \cdot 0,34202 \right\}$$

$$= \frac{31}{4} \{1 - 0,6357\} \{1 - 0,1788\} = 2,31 \text{ t}.$$

Beispiel 7. Fahrbarer Vollportalkran nach Abbildung 45.

Nutzlast 1,5 t. Ausladung 14 m. Gewicht des Drehteils 15,85 t. Somit $R = 17,35$ t. Schwerpunktsabstand der Last vom König $s = 1$ m. Durchmesser des Schwenkkranzes 3 m. Radstand 5,5 m. Schienenabstand 5,5 m. Entfernung der Drehachse von Mitte System $t = 1,55$ m.

Nach einigem Probieren findet sich der Größtwert des Druckes A bei dem Winkel $a = 53^0$.

$$A_{max} = \frac{R}{4} \left\{ 1 + \frac{2}{5,5} (1 \cdot 0,60182 + 1,55) \right\} \left\{ 1 + \frac{2}{5,5} \cdot 1 \cdot 0,79864 \right\}$$

$$= \frac{17,35}{4} \{1 + 0,7825\} \{1 + 0,2904\} = 9,97 \text{ t}.$$

Weiter ergeben einige Versuche, daß bei dem Winkel $a = 0$ der Druck am kleinsten wird.

$$C_{min} = \frac{R}{4} \left\{ 1 - \frac{2}{5,5} (1 \cdot 1 + 1,55) \right\} \{1 - 0\}$$

$$= \frac{17,35}{4} \{1 - 0,9273\} = 0,315 \text{ t}.$$

Beispiel 8. Fahrbarer Vollportalkran nach Abbildung 46.

Nutzlast 2,5 t. Ausladung 23,75 m. Gewicht des Drehteils 30,5 t. Somit $R = 33$ t. Schwerpunktsabstand der Last von der Dreh-

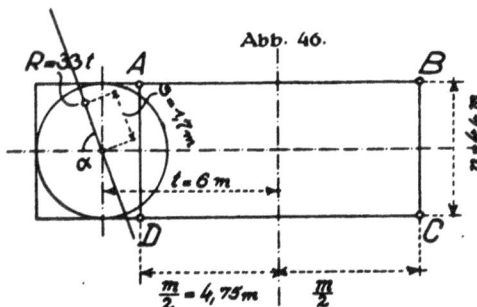

Abb. 46.

achse $s = 1,70$ m. Durchmesser des Schwenkkranzes 4,4 m. Radstand 4,4 m. Schienenabstand 9,5 m. Entfernung der Drehachse von Mitte System $t = 6$ m.

Einiges Probieren zeigt, daß das Maximum des Druckes A bei dem Winkel $a = 70°$ eintritt.

$$A_{max} = \frac{R}{4}\left\{1 + \frac{2}{9,5}(1,70 \cdot 0,34202 + 6)\right\}\left\{1 + \frac{2}{4,4} \cdot 1,7 \cdot 0,93969\right\}$$

$$= \frac{33}{4}\{1 + 1,3855\}\{1 + 0,7261\} = 34 \text{ t.}$$

Ebenso findet man nach wenigen Versuchen den Winkel $a = 0°$, bei dem der Druck C den Kleinstwert oder besser den größten negativen Wert erreicht.

$$C_{min} = \frac{R}{4}\left\{1 - \frac{2}{9,5}(1,7 \cdot 1 + 6)\right\}\{1 - 0\}$$

$$= \frac{33}{4}\{1 - 0,210526 \cdot 7,7\} = -5,12 \text{ t.}$$

In der Abb. 47 ist ein dem vorstehenden ähnlicher Kranunterteil vor Augen geführt, nur mit dem Unterschied, daß die Radstände n links und rechts verschieden groß sind. Auch hier besteht die oben

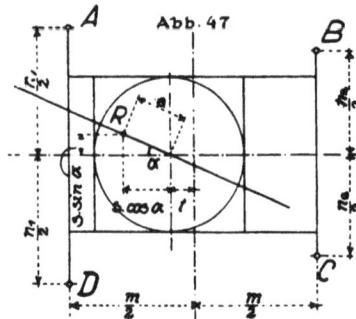

Abb. 47

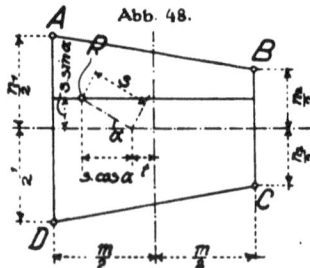

Abb. 48.

erörterte geometrische und statische Symmetrie, so daß die Drucke auf die vier Fahrwagen einfach wie früher nach Maßgabe der Abb. 48 nach den gewöhnlichen Hebelgesetzen berechnet werden können.

Man erhält:

$$A = \frac{R}{4}\left(1 + 2 \cdot \frac{s \cdot \cos a + t}{m}\right)\left(1 + 2 \cdot \frac{s \cdot \sin a}{n_1}\right)$$

$$B = \frac{R}{4}\left(1 - 2 \cdot \frac{s \cdot \cos a + t}{m}\right)\left(1 + 2 \cdot \frac{s \cdot \sin a}{n_2}\right)$$

$$C = \frac{R}{4}\left(1 - 2 \cdot \frac{s \cdot \cos a + t}{m}\right)\left(1 - 2 \cdot \frac{s \cdot \sin a}{n_2}\right)$$

$$D = \frac{R}{4}\left(1 + 2 \cdot \frac{s \cdot \cos a + t}{m}\right)\left(1 - 2 \cdot \frac{s \cdot \sin a}{n_1}\right).$$

Die Handhabung der Formeln erfolgt in derselben Weise wie oben.

Zur Beurteilung der Standsicherheit der Krane möge folgendes bemerkt werden. Von einem Kippmoment in bezug auf das ganze System kann keine Rede sein. Die Standsicherheit richtet sich nach den Minimaldrucken auf die einzelnen Fahrwagen. Wo ein negativer Druck auftritt und das Eigengewicht nicht genügt, muß ein Ballast angebracht werden. Von einem Kippmoment in bezug auf den ganzen Unterteil kann nur dann gesprochen werden, wenn es sich um ein statisch festes Raumsystem handelt, und auch dann meistens nur im beschränkten Sinne.

Beispiel 9. Wirkung verschiedener Rollen in einem Kranausleger nach Abbildung 49.

Die angehängte Last P ist senkrecht gerichtet. Das bedingt, daß die Summe der wagerechten Seitenkräfte aller Seilanspannungen gleich Null ist. In der Abbildung wurde bei jeder Rollenachse die Mittelkraft R der zugehörigen Seilzüge eingetragen. Die Spannkräfte und die Auflagerdrucke des Systems lassen sich leicht mit Hilfe eines Cremonaplanes ermitteln. Siehe Abbildung 50. Die Reihenfolge der angreifenden Kräfte Z und R_1 usf. richtet sich nach dem System,

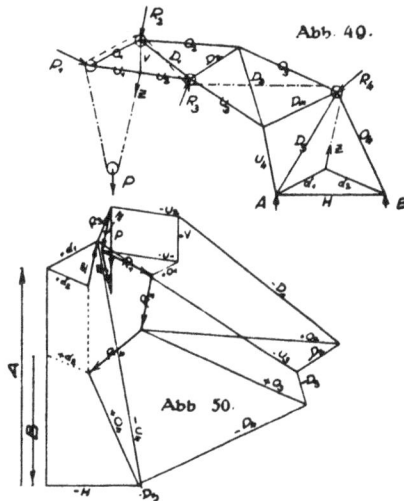

Abb. 49.

Abb. 50.

der Anordnung der Rollen und der Anlage des Kräfteplanes. In vorliegendem Falle war es am besten, mit dem Seilzug Z am Hubwerk zu beginnen. Es folgen R_3, dann Z des aufgehängten Seiles, hiernach R_1 und R_2 und schließlich R_4. Die punktierte senkrechte Schlußlinie zwischen Anfang und Ende des Kräftezuges muß gleich der Last P sein. Weitere Erläuterungen zu der Auffindung der Stabkräfte und der senkrechten Auflagerdrucke des Gerüstes erscheinen überflüssig.

Beispiel 10. Ein feststehender hammerartiger Drehkran von 100 bzw. 200 t Tragfähigkeit nach Abbildung 51.

Die Schwerlastkatze läuft auf den Obergurten des langen Auslegers in Höhe von 27,5 m über Boden. Auf dem rückwärtigen Ausleger ist außerdem ein fahrbarer Drehkran von 15 t Tragfähigkeit bei einer Ausladung von 11,5 m angeordnet. Der Zweck dieser Einrichtung liegt auf der Hand: Man kann mit dem Drehkran leichtere Lasten von der einen zur anderen Seite bewegen, ohne das große Gerüst drehen zu müssen; Ersparnisse an Kraft und Zeit. Ferner gewinnen damit das Aktionsfeld und die Arbeitshöhe der Anlage. Der Fußdrehkreis des Hammerkranes hat einen Durchmesser von 14,2 m. Die Entfernung der Laufbahnen oben beträgt 4 m.

Grundlegend für die Berechnung ist die Frage, von welchen Bedingungen die Stabilität des Bauwerkes abhängig gemacht werden soll. Wir verlangen zunächst eine n-fache Sicherheit gegen Kippen nach allen Richtungen. Es erscheint angebracht, das Eigengewicht des Drehkranes als Gegengewicht gegen die Schwerlastkatze, wenn diese mit 100 t Last bis in die äußerste Stellung fährt, auszunutzen. Er wird dabei gänzlich ausgeladen mit nach rückwärts gerichtetem Ausleger. Wir erhalten dann den in der Abb. 54 dargestellten Belastungszustand I des Kranwerkes. Es ist notwendig, im weiteren noch einen besonderen Ballast Q am Ende des rückwärtigen Auslegers einzubauen. Während somit die Schwerlastkatze das Gerüst um den Fußpunkt bei A zu kippen sucht, wirken dem entgegen das Gewicht D des leeren Drehkranes, dann der Ballast Q und schließlich noch das Eigengewicht G des Bauwerkes selbst. Es bezeichnen ferner K das Eigengewicht der Katze, P_1 ihre Nutzlast und P_2 die Nutzlast des Drehkranes. Im Gegensatz zu diesem Belastungszustand steht nun der Fall, wenn die Katze ausgeschaltet und der Drehkran zur Arbeitsleistung herangezogen wird. Es liegt nahe, den Drehkran unter der Bedingung in Anspruch zu nehmen, daß die leere Katze ein geringstes Moment nach links abgibt; sie erhält also ihren Platz möglichst in der Nähe der Stützsäule. Die Kippgefahr des Bauwerkes ist nunmehr nach rechts gerichtet. Vergleiche die Abb. 55, wo die Sachlage, Belastungszustand II, zur Anschauung gebracht wurde.

Es möge bei beiden Belastungszuständen dieselbe Sicherheit n gegen Kippen verlangt werden. Das kann nur sein bei einem bestimmten Gewicht des Ballastes und einer bestimmten Ausladung desselben.

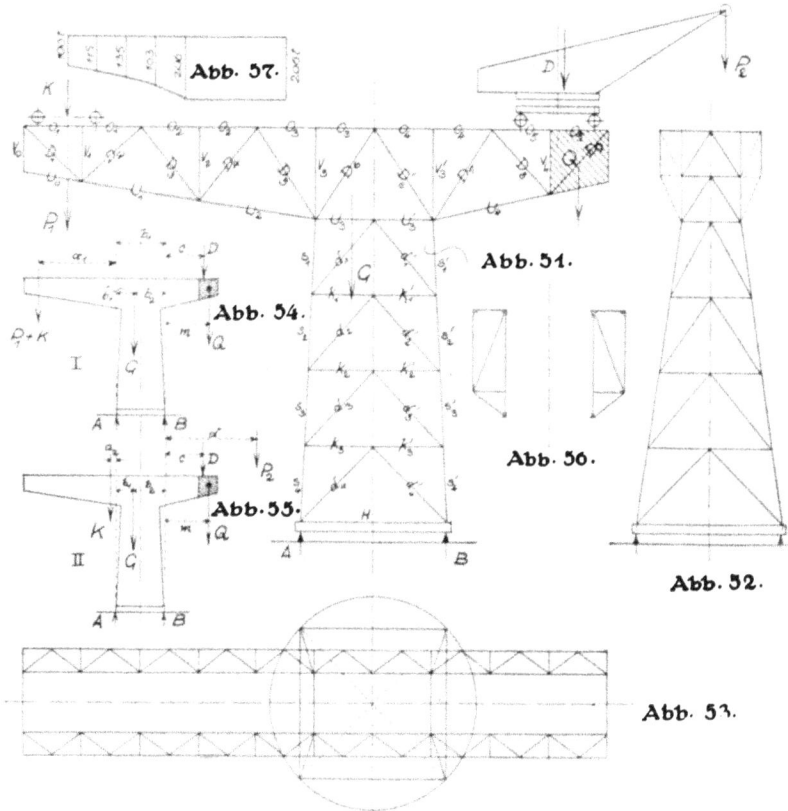

Abb. 57.

Abb. 51.

Abb. 54.

Abb. 56.

Abb. 55.

Abb. 52.

Abb. 53.

Die Größen lassen sich, unter Zugrundelegung der Beziehungen in den Abb. 54 und 55, folgendermaßen berechnen:

Belastungszustand I.

Die Stabilitätsgleichung lautet:

$$n \cdot (P_1 + K) \cdot a_1 = G \cdot b_1 + Q \cdot (l_1 + m) + D \cdot (l_1 + c).$$

Hieraus

$$Q = \frac{n \cdot (P_1 + K) \cdot a_1 - G \cdot b_1 - D \cdot (l_1 + c)}{l_1 + m}.$$

Belastungszustand II.

Die Stabilitätsgleichung schreibt sich:

$$n \cdot (Q \cdot m + D \cdot c + P_2 \cdot d) = G \cdot b_2 + K (l_1 + a_2).$$

Man erhält:

$$Q = \frac{G \cdot b_2 + K (l_1 + a_2) - n \cdot D \cdot c - n \cdot P_2 \cdot d}{m \cdot n}.$$

Wir setzen beide Werte einander gleich

$$\frac{n \cdot (P_1 + K) \cdot a_1 - G \cdot b_1 - D \cdot (l_1 + c)}{l_1 + m} =$$

$$= \frac{G \cdot b_2 + K (l_1 + a_2) - n \cdot D \cdot c - n \cdot P_2 \cdot d}{m \cdot n}$$

und bekommen als Ausladung des Gegengewichtes

$$m = \frac{l_1 \{G \cdot b_2 + K (l_1 + a_2) - n \cdot D \cdot c - n \cdot P_2 \cdot d\}}{n^2 (P_1 + K) a_1 - n \cdot G \cdot b_1 - n \cdot D (l_1 + c) - G \cdot b_2}.$$

(Fortsetz. des Nenners) $- K (l_1 + a_2) + n \cdot D \cdot c + n \cdot P_2 \cdot d$

Es mögen einmal folgende Zahlen eingesetzt werden:

$$P_1 = 100 \, t, \ P_2 = 15 \, t, \ G = 280 \, t, \ K = 6 \, t, \ D = 20 \, t$$
$$a_1 = 16 \, m, \ a_2 = 1 \, m, \ b_1 = 3,5 \, m, \ b_2 = 6,5 \, m, \ c = 8 \, m, \ d = 19 \, m,$$
$$l_1 = 10 \, m, \ n = 1,5 \text{fach}.$$

Es ergibt sich

$$m = \frac{10 \{280 \cdot 6,5 + 6 \cdot 11 - 1,5 \cdot 20 \cdot 8 - 1,5 \cdot 15 \cdot 19\}}{1,5^2 (100 + 6) 16 - 1,5 \cdot 280 \cdot 3,5 - 1,5 \cdot 20 \cdot 18 - 280 \cdot 6,5}$$
$$- 6 \cdot 11 + 1,5 \cdot 20 \cdot 8 + 1,5 \cdot 15 \cdot 19$$

$$m = 20,74 \, m.$$

Führt man dieses Maß in eine der beiden Formeln für Q, z. B. in die erste ein, dann erhält man als Ballastgewicht

$$Q = \frac{1,5 \cdot 106 \cdot 16 - 280 \cdot 3,5 - 20 \cdot 18}{30,74} = 39,2 \, t.$$

Die Stabilitätsverhältnisse des Kranes wären unter diesen Umständen ideal zu nennen. Es ist jedoch praktisch nicht möglich, das Gegengewicht in der ermittelten Ausladung von 20,74 m anzubringen, weil dazu die Länge des Kragarmes nicht ausreicht. Der äußerst zu erreichende Abstand des Ballastes beträgt höchstens $m = 9$ m. Es ist klar, daß damit, also mit der Verminderung des

Maßes, unerwünschterweise das Gewicht Q zunimmt. Wir verlangen wieder 1,5fache Sicherheit gegen Kippen bei dem Belastungszustand I. Setzt man $m = 9\,m$ in die zugehörige Stabilitätsgleichung bzw. in die Formel für Q ein, dann erhält man

$$Q = 63{,}4\,t.$$

Natürlich ändert sich damit der Sicherheitsgrad gegen Kippen bei dem Belastungszustand II. Der Wert läßt sich nach der zweiten Stabilitätsgleichung berechnen. Es ist

$$n = \frac{G\ b_2 + K\,(l_1 + a_2)}{Q\ m + D \cdot c + P_2\ d},$$

Die Zahlen liefern

$$n = 1{,}86\,\text{fach.}$$

Der Kran soll imstande sein, in geringeren Ausladungen mehr als 100 t Nutzlast zu tragen und zwar so, daß bei jeder Stellung der Katze immer eine 1,5fache Kippsicherheit gewahrt bleibt. Die für eine beliebige Ausladung zulässige Nutzlast P_1 läßt sich nach der ersten Stabilitätsgleichung, wenn man sie nach P_1 umformt, ohne weiteres ermitteln.

Es ist

$$P_1 = \frac{G \cdot b_1 + Q\,(l_1 + m) + D\,(l_1 + c) - n \cdot K \cdot a_1}{n \cdot a_1}.$$

Nach Einführung der Zahlen ergibt sich

$$P_1 = \frac{2545 - 9 \cdot a_1}{1{,}5 \cdot a_1}.$$

Man erhält der Reihe nach

bei $a_1 = 16\,m$	$P_1 = 100\,t$
bei $a_1 = 14\,m$	$P_1 = 115\,t$
bei $a_1 = 12\,m$	$P_1 = 135\,t$
bei $a_1 = 10\,m$	$P_1 = 163\,t$
bei $a_1 = 8\ m$	$P_1 = 206\,t$

Siehe das Belastungsschema Abb. 57. Eine höhere Last als 206 t soll nicht zulässig sein.

Es möge noch beachtet werden, daß bei Berechnung der Stabilität des Kranes ein Winddruck im Sinne des Kippmomentes eingeführt werden muß. Bei Kran im Betrieb rechnet man mit etwa 20 bis 30 kg auf den m² getroffene Fläche. Bezeichnet H die Mittelkraft aus den gesamten Winddrucken und h den Hebelarm in bezug auf die Kippbasis, dann erweitert sich die linke Seite der oben angeschriebenen ersten Stabilitätsgleichung um das Glied

$$n \cdot H \cdot h.$$

Dasselbe gilt für die linke Seite der zweiten Stabilitätsgleichung.

Während der Winddruck gegenüber den hohen Nutzlasten weniger Bedeutung hat, ist sein Einfluß bei Kran außer Betrieb ganz erheblich. Man muß für diesen Fall die ungünstigsten Möglichkeiten ins Auge fassen. Bei der vorliegenden Aufgabe wurde angenommen, daß bei Wind von rechts nach links die leere Katze am Ende des Auslegers steht, während der unbelastete Drehkran nach der Mitte der Stützsäule gefahren ist. Umgekehrt, wenn der Wind von links nach rechts auftritt, soll die Katze eingezogen und der Drehkran auf dem kurzen Kragarm ausgeladen sein. Für beide Fälle lassen sich nach Maßgabe der früheren Beispiele leicht die Stabilitätsgleichungen aufstellen. Schließlich ist noch die Stabilität des Kranes in Querrichtung nachzuweisen.

Die Abb. 52 zeigt eine Ansicht quer gegen die Stützsäule. In der Abb. 53 ist der Grundriß zur Darstellung gebracht. Die beiden Hauptwände des Auslegers sind wegen des zwischenfahrenden Katzenhakens getrennt. Jede Wand wird für sich durch ein Zusatzträgersystem, bestehend aus einem wagerechten Verband in Höhe des Obergurtes und einem senkrechten Träger, ausgesteift. Die Anordnung ist im Querschnitt Abb. 56 wiedergegeben.

Die Spannkräfte des Krangerüstes für irgendeinen Belastungszustand werden mit Hilfe einfacher Cremonapläne, gegebenenfalls auch mit Einflußlinien ermittelt. Man beginnt mit dem Eigengewicht mit Einschluß des Ballastes Q. Über die Aufzeichnung des Cremonaplanes ist nichts Besonderes zu sagen. Dann folgt die Ermittelung der Spannkräfte aus den Nutzlasten. Es ist leicht zu sehen, bei welcher Katzenstellung die Stäbe des großen Auslegers am ungünstigsten in Anspruch genommen werden. Beispielsweise erreicht die Spannkraft des Stabes D_4 ihr Maximum, wenn die Katze so nahe herangefahren wird, daß ihr erstes Rad über dem Knoten 4' steht. Es ist zweckmäßig, eine Einflußlinie aufzuzeichnen. Stellt man eine Last $P = 1$ in den Knoten 1 am Ende des Auslegers, so bewirkt dieselbe eine Spannkraft von (vergleiche die Abb. 58)

$$D_4 = 1 \cdot \frac{z}{r_4} \cdot$$

Als Verhältnis

$$D_4 : z = 1 : r_4$$

geschrieben, läßt sich die Beziehung zeichnerisch nach Abb. 59 leicht auftragen. Bezeichnet η die Ordinate der Linie, gemessen unter einer Last P auf dem Träger, dann beträgt

$$D_4 = P \cdot \eta.$$

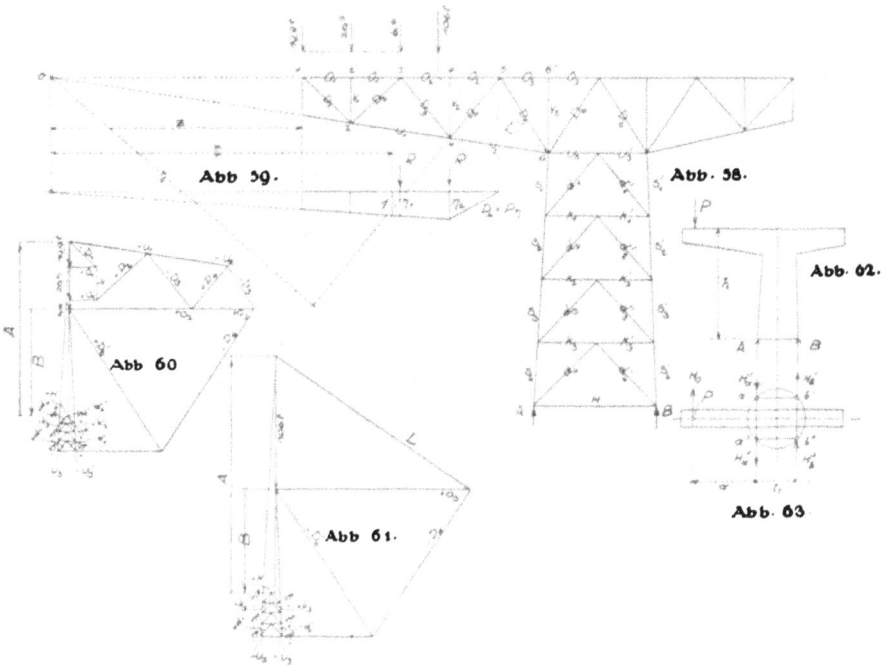

Abb 59.

Abb. 58.

Abb. 62.

Abb 60

Abb. 63

Abb 61.

Die ungünstigste Stellung der Katze ist in der Abbildung einge- tragen. Die hierbei zulässige Nutzlast läßt sich bequem aus dem Schema Abb. 57 entnehmen. Man erhält

$$P_1 = 184 \text{ t.}$$

Es ist

$$P_1 + K = 184 + 6 = 190 \text{ t.}$$

Infolgedessen ergibt sich ein Raddruck von

$$R = \frac{190}{4} = 47,5 \text{ t.}$$

Die Einflußlinie liefert

$$D_4 = R \, (\eta_1 + \eta_2)$$
$$= 47,5 \, (1,16 + 1,04) = + 104,5 \text{ t.}$$

Ähnlich verhält es sich mit den übrigen Diagonalstäben.

Die Spannkräfte der Gurtstäbe werden am größten bei ausgefahrener Katze mit 100 t Last. Man benutzt hier am besten einen einfachen Cremonaplan. Der Raddruck beträgt

$$R = \frac{100 + 6}{4} = 26{,}5 \text{ t.}$$

Es entfallen von den Drucken bestimmte Anteile auf die ersten drei Knoten des Fachwerks, die in der Abb. 58 angegeben sind. Der Plan Abb. 60 zeigt die Auffindung der gewünschten Stabkräfte. Es schien geboten, ihn weiter auch für die Stäbe des Stützgerüstes zu entwickeln. Wie erwähnt, liefert der Kräftezug die größten Gurtspannungen. Das trifft nur nicht zu bei dem Stab O_3. Hier entsteht die gefährlichste Anspannung, wenn die Katze in die Stellung gebracht wird, wo sie eine Last von 206 t aufnehmen kann. Für diesen Fall wurde in der Abb. 61 ein weiterer Cremonaplan aufgerissen. Man achte auf die Hilfslinie L, die man an Stelle der Fachwerkstäbe zwecks Vereinfachung des Planes einführen kann. Der Plan zeigt auch, daß bei dieser Belastung einige andere Stäbe, insbesondere die Pfosten und Füllglieder des Stützgerüstes, stärker als vorher in Anspruch genommen werden. Auch ergibt sich ein größerer Auflagerdruck A.

Es wurde eingangs vorausgesetzt, daß die Katze nur dann maximal belastet werden darf, wenn der leere Drehkran sich in äußerster Stellung auf dem rückseitigen Kragarm befindet. Man muß aber damit rechnen, daß diese Betriebsvorschrift einmal durch Unachtsamkeit versäumt wird, oder daß sonstige Umstände sie zunichte machen. Für diesen Fall muß das Gerüst dann immer noch ausreichende Sicherheit gegen Bruch haben. Das ist von Wichtigkeit und muß bei der Spannungsermittlung und der Querschnittsgebung berücksichtigt werden. Die Standsicherheit des Bauwerkes läßt sich durch Schienenklammern oder sonst eine Einrichtung erhalten. Ferner kann es vorkommen, daß die zweite Belastungsvorschrift, Drehkran im Betrieb und Katze leer eingezogen, übergangen werden muß. Nämlich dann, wenn man gezwungen ist, die Katze zum Zweck einer Reparatur abzubauen. Auch unter diesen Umständen muß das Bauwerk einer erhöhten Inanspruchnahme gewachsen sein.

Aus dem Vorstehenden geht hervor, daß für die statische Untersuchung des Gerüstes eine Anzahl Einzelbelastungen in Betracht kommen, deren Ergebnisse entsprechend den verschiedenen Belastungsmöglichkeiten zusammengesetzt werden müssen. Es sind der Reihe nach zu verfolgen nachstehende Zustände:

1. Eigengewicht einschl. Gewicht des Ballastes,
2. Katze belastet mit 100 t, von Fall zu Fall zunehmend bis 206 t,
3. Katze leer eingezogen bzw. leer ausgeladen,
4. Drehkran belastet mit 15 t und über das ganze Gerüst gefahren,
5. Drehkran leer ausgeladen bzw. leer nach der Mitte gefahren,
6. Wind von rechts nach links (starker und schwacher),
7. Wind von links nach rechts (starker und schwacher),
8. Wind quer (starker und schwacher).

Die Einzelbelastungen setzen sich wie folgt zusammen:

I. (Erste Belastungsvorschrift) $1 + 2 + 5 + 6$ (Wind schwach)
II. (Zweite Belastungsvorschrift) $1 + 3 + 4 + 7$ (Wind schwach)
III. (Zufällige Belastung) $1 + 2 + 6$ (Wind schwach)
IV. (Zufällige Belastung) $1 + 4 + 7$ (Wind schwach)
V. (Mögliche Belastung) $1 + 3 + 5 + 6$ (Wind stark)
VI. (Mögliche Belastung) $1 + 3 + 5 + 7$ (Wind stark).

Im weiteren hat man noch die verschiedenen Belastungen mit Wind quer gegen das Bauwerk zusammenzusetzen.

Die Beanspruchung des Materials richtet sich nach der Belastungsart. Bei den zufälligen Zuständen (extremen Fällen) kann man bis an die äußerste Grenze gehen. Schließlich wäre noch in Betracht zu ziehen die Wirkung von Massenkräften, die entstehen können, wenn der Drehantrieb am Fuße des Bauwerks in Tätigkeit gesetzt wird, oder wenn der sich drehende Kran infolge plötzlichen Bremsens oder sonstwie eine Hemmung erfährt. In meinem Buche „Die Statik des Kranbaues", zweite Auflage, S. 180 usf., habe ich gezeigt, daß es schwierig, ja fast unmöglich ist, die bei diesen Vorgängen sich entwickelnden Kräfte festzustellen und statisch zu verwerten. Das hat seinen Grund in der Elastizität des Gerüstes, von der in erster Linie die fragliche Wirkung abhängig ist. Denkt man z. B. den Kran in Bewegung und plötzlich gebremst, so wird ein Teil der lebendigen Massenkraft zunächst in Formänderungsarbeit des Gerüstes umgesetzt, und es ist schwer zu bestimmen, welche Restwirkung als statisch nutzbares Faktum übrig bleibt. An jener Stelle wurde dann aber ein Weg gewiesen, der glatt um alle Schwierigkeiten herumführt, indem man sich auf die Erfahrung stützt, daß die Räder, wenn sie gebremst werden, schon bei geringer Geschwindigkeit des Krangerüstes schleifen. Das liegt an der verhältnismäßig großen Starrheit der Eisenkonstruktion, die nicht zuläßt, daß ein wesentlicher Teil der lebendigen Kraft in Formänderungsarbeit umgesetzt wird. Beim Schleifen eines Rades auf der Schiene, wenn Q den Raddruck bedeutet, kommt eine wagerechte Kraft zustande von

$$X = Q \cdot \mu \text{ (Druck mal Reibungskoeffizient).}$$

Der von den Rädern gelieferte Schub würde somit einen Ausgangspunkt für eine sehr einfache näherungsweise Berechnung des Kranes nach dieser Richtung hin in die Hand geben. Das Verfahren macht keinen Anspruch auf Genauigkeit, erfaßt aber den Kern des Vorganges und liefert Ergebnisse, die die Sicherheit des Bauwerkes auch in dieser Hinsicht gewährleisten.

Maßgebend für die Untersuchung ist die Frage, welche Räder beim Drehen des Kranes gebremst werden. Im Interesse der Einfachheit, und da es nur darauf ankommt, das Verfahren dem Wesen nach vor Augen zu führen, werde angenommen, es würden sämtliche Räder auf allen vier Ecken zugleich gebremst. Sodann werde, ebenfalls nur des Prinzips wegen, eine einfache Last P auf dem Ausleger eingeführt. Abb. 62 und 63.

Die Last ergibt folgende Drucke auf die Fahrwagen

$$A = + P \cdot \frac{a + l_1}{2 \cdot l_1} \qquad B = - P \cdot \frac{a}{2 \cdot l_1}.$$

Beim Bremsen entsteht der Gesamtschub in Richtung von H_0

$$H_0 = P \cdot \mu.$$

Beachtet man, daß H_0 noch ein Kippmoment in bezug auf die Auflager abgibt, durch das Zusatzdrücke entstehen, so lassen sich folgende Schübe an den vier Ecken anschreiben:

$$H_a' = A \cdot \mu + \frac{H_0}{2} \cdot \frac{h}{l_1} \cdot \mu = P \cdot \frac{a + l_1}{2 \cdot l_1} \cdot \mu + P \cdot \mu \cdot \frac{h}{2 \cdot l_1} \cdot \mu$$

$$= \frac{P \cdot \mu}{2 \cdot l_1} \{a + l_1 + h \cdot \mu\}$$

$$H_a'' = A \cdot \mu - \frac{H_0}{2} \cdot \frac{h}{l_1} \cdot \mu = \frac{P \cdot \mu}{2 \cdot l_1} \{a + l_1 - h \cdot \mu\}$$

$$H_b' = B \cdot \mu - \frac{H_0}{2} \cdot \frac{h}{l_1} \cdot \mu = P \cdot \frac{a}{2 \cdot l_1} \cdot \mu - P \cdot \mu \cdot \frac{h}{2 \cdot l_1} \cdot \mu$$

$$= \frac{P \cdot \mu}{2 \cdot l_1} \{a - h \cdot \mu\}$$

$$H_b'' = B \cdot \mu + \frac{H_0}{2} \cdot \frac{h}{l_1} \cdot \mu = \frac{P \cdot \mu}{2 \cdot l_1} \{a + h \cdot \mu\}.$$

Die senkrechten Drucke betragen

$$V_a' = \frac{H_a'}{\mu}, \quad V_a'' = \frac{H_a''}{\mu}, \quad V_b' = \frac{H_b'}{\mu}, \quad V_b'' = \frac{H_b''}{\mu}.$$

Es möge sein $a = 15$ m, $l_1 = 10$ m, $h = 26$ m, $\mu = 0{,}15$.
Dann erhält man

$$H_a' = \frac{P \cdot 0{,}15}{2 \cdot 10} \{15 + 10 + 26 \cdot 0{,}15\} = P \cdot 0{,}217 \uparrow$$

$$H_a'' = \frac{P \cdot 0{,}15}{2 \cdot 10} \{15 + 10 - 26 \cdot 0{,}15\} = P \cdot 0{,}158 \uparrow$$

$$H_b' = \frac{P \cdot 0{,}15}{2 \cdot 10} \{15 - 26 \cdot 0{,}15\} \quad = P \cdot 0{,}083 \downarrow$$

$$H_b'' = \frac{P \cdot 0{,}15}{2 \cdot 10} \{15 + 26 \cdot 0{,}15\} \quad = P \cdot 0{,}142 \downarrow$$

Die Summe dieser Schübe muß gleich sein $P \cdot 0{,}15$.
Weiter folgt

$$V_a' = \frac{P \cdot 0{,}217}{0{,}15} = P \cdot 1{,}45 \downarrow \qquad V_b' = \frac{P \cdot 0{,}083}{0{,}15} = P \cdot 0{,}554 \uparrow$$

$$V_a' = \frac{P \cdot 0{,}158}{0{,}15} = P \cdot 1{,}05 \downarrow \qquad V_b'' = \frac{P \cdot 0{,}142}{0{,}15} = P \cdot 0{,}946 \uparrow$$

Die Summe der Drucke muß gleich sein P.

Auf Grund der so gefundenen wagerechten und senkrechten Auflagergrößen lassen sich nun leicht die Stabkräfte für die Inanspruchnahme des Gerüstes durch P und H_0 ermitteln. Sind die Stabkräfte aus P an anderer Stelle bereits gefunden und hat man nur nötig, die Spannungen zu bestimmen, die H_0 liefert, dann kommen hierfür folgende Auflagergrößen in Betracht:
Wie vorher

$$H_a' \cdot = P \cdot 0{,}217$$
$$H_a'' = P \cdot 0{,}158$$
$$H_b' = P \cdot 0{,}083$$
$$H_b'' = P \cdot 0{,}142.$$

Dann aber vertikal

$$V_a' = + \frac{H_0}{2} \cdot \frac{h}{l_1} = \frac{P \cdot 0{,}15}{2} \cdot \frac{26}{10} = P \cdot 0{,}195 \downarrow$$

$$V_a'' = - \frac{H_0}{2} \cdot \frac{h}{l_1} = \qquad = P \cdot 0{,}195 \uparrow$$

$$V_b' = + \frac{H_0}{2} \cdot \frac{h}{l_1} = \qquad = P \cdot 0{,}195 \downarrow$$

$$V_b = - \frac{H_0}{2} \cdot \frac{h}{l_1} = \qquad = P \cdot 0{,}195 \uparrow$$

In ähnlicher Weise verfährt man, wenn die Wirkung des Eigengewichtes der Konstruktion, insbesondere der oberen Brücke, ermittelt werden soll. Man setzt das Gewicht G im Schwerpunkt an und behandelt den Fall wie oben. Der Gesamtschub beträgt wieder

$$H = G \cdot \mu.$$

Nach Berechnung der zugehörigen Schübe an den Füßen verteilt man den Schub H entsprechend dem Eigengewicht auf den gesamten Träger.

Sollte eine andere Bremsung als die hier zugrunde gelegte in Frage kommen, z. B. zwei Fahrwagen über Eck oder zwei auf einer Seite, dann gestalte sich die Berechnung etwas anders, ohne jedoch weniger einfach zu sein. Es möge hierbei noch einmal auf das oben erwähnte Kapitel über Bremskräfte, S. 180 usf., in meinem Buche „Die Statik des Kranbaues", zweite Auflage, hingewiesen werden, wo ähnliche Fälle an einer Verladebrücke dargelegt wurden.

Man tut gut, die Konstruktion außerdem noch für Schrägzug der Last zu berechnen. Vergleiche die Ausführungen unter Beispiel 1.

Alle wagerechten Schübe werden unmittelbar von dem in wagerechter Richtung ausgebildeten Zusatzträgersystem, Abb. 53, aufgenommen. Es darf angenommen werden, daß die Kräfte sich zur Hälfte auf jede Seite übertragen. Die weitere Überleitung der Kräfte nach den Fußpunkten erfolgt durch die Querwände der Stützsäulen.

Über die Berechnung des Kranbodens (Untergestell) wurde in den früheren Beispielen näheres mitgeteilt.

Beispiel 11. Ein feststehender drehbarer Hammerkran von 150 bzw. 200 t Tragkraft nach Abbildung 64.

Die Kranbrücke hat unten einen stielartigen Ansatz, der sich in einem festen Gerüst stützt und um den die Drehung des Kranes erfolgt. Wir nennen den Ansatz Drehsäule. Sie ruht mit ihrem Fuße in Höhe des Bodens in einem Kugellager, das zunächst sämtliche senkrechten Lasten des drehbaren Kranteiles aufnimmt. Außerdem wirkt daselbst noch ein wagerechter Schub, der entsteht, wenn der Kran einseitig belastet wird. Der Gegenschub dazu — es handelt sich um ein Kräftepaar — liegt am Kopf des festen Gerüstes, wo die Drehsäule gegengelagert ist. Die Sachlage ist hier folgendermaßen: Die Drehsäule besitzt eine Kreisscheibe. In dieser sind nach den beiden Auslegerrichtungen hin Rollenpaare gelagert, die sich gegen die Innen-

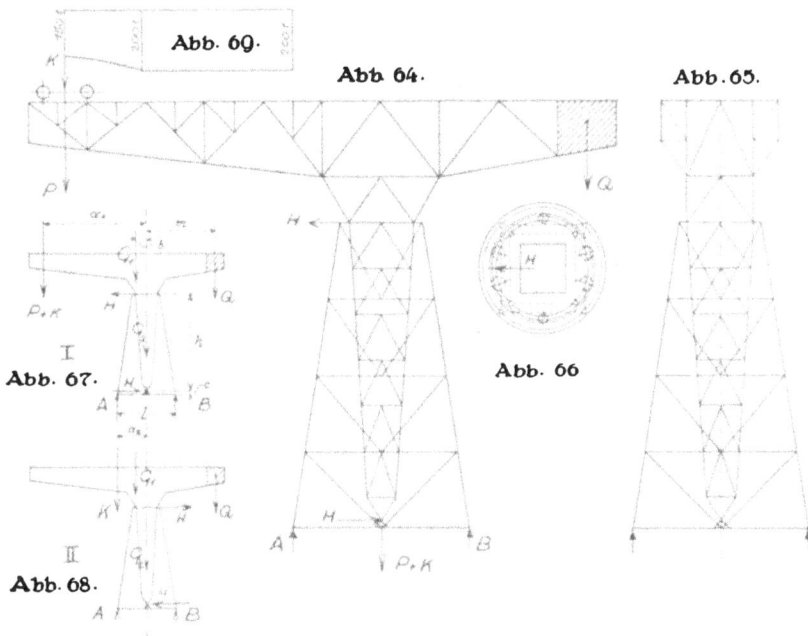

Abb. 60.

Abb. 64.

Abb. 65.

Abb. 67.

Abb. 66

Abb. 68.

kante eines Ringes, der den Abschluß des festen Gerüstetes bildet, anlegen bzw. abwälzen. Das Drehwerk ruht irgendwo fest auf dem Ring. Hier greift ein Zahnrad, von jenem angetrieben, in einen Zahnkranz, der um die Kreisscheibe der Drehsäule angeordnet ist. Die Rollenpaare übertragen also jeweilig den Schub von der Drehsäule auf das feste Gerüst; das vermittelnde Glied ist der Ring.

Die Fahrbahn des Kranes liegt 35 m über Boden. Die Ausladung der Katze mit angehängter 150 t-Last beträgt 27 m. Es soll später festgestellt werden, in welcher äußersten Ausladung eine Last von 200 t gegriffen werden kann. Am Ende des rückwärtigen Kragarmes ist ein Gegengewicht zwecks Ausgleich der Kippmomente angeordnet.

Seitenkräfte wurden wie beim vorhergehenden Beispiel durch außen an den Hauptwänden angebrachte Zusatzträgersysteme aufgenommen. Um die Biegungslänge der Obergurtstäbe zu verringern, wurden im Bereich des Katzenweges Zwischenstäbe eingeführt.

Für die Berechnung ist zunächst ein gewisser Ausgangspunkt zu schaffen. Da das Stützgerüst fest verankert ist, kommen regelrechte Stabilitätsbedingungen nicht in Frage, wohl aber wäre eine andere Einrichtung ins Auge zu fassen. Es ist nämlich aus verschiedenen Gründen erwünscht, daß die am Ring oben wirkenden größten Schübe H nach links und rechts einander gleich sind. Einmal wegen der Inanspruchnahme des Ringes und des Stützgerüstes, dann auch im Interesse der maschinellen Anlage bzw. Teile. Der größte Schub nach links entsteht bei ausgeladener Katze mit 150 t Last, der größte Schub nach rechts tritt ein, wenn die Katze leer eingezogen ist. Belastungszustände I und II, Abb. 67 und 68. Die Bedingung gleicher Schübe läßt sich mit Hilfe des Gegengewichtes, das dann eine bestimmte Größe haben muß, herbeiführen.

Es bezeichnen P die Nutzlast, K das Gewicht der Katze, Q den Ballast, G_1 das Gewicht des drehbaren Kranteiles und G_2 das des festen Gerüstes. Die übrigen Bezeichnungen sind aus den Abbildungen zu entnehmen.

Belastungszustand I.

Es muß sein

$$H \cdot h = (P + K) \cdot a_1 + G_1 \cdot b - Q \cdot m.$$

Belastungszustand II.

Ebenso

$$H \cdot h = Q \cdot m - K \cdot a_2 - G_1 \cdot b.$$

Wir setzen beide Beziehungen einander gleich

$$(P + K) \cdot a_1 + G_1 \cdot b - Q \cdot m = Q \cdot m - K \cdot a_2 - G_1 \cdot b.$$

Die Gleichung liefert

$$Q = \frac{(P + K) \cdot a_1 + 2 \cdot G_1 \cdot b + K \cdot a_2}{2 \cdot m}.$$

Es mögen einmal folgende Zahlen eingeführt werden:

$$P = 150 \text{ t}, \ G_1 = 300 \text{ t}, \ G_2 = 160 \text{ t}, \ K = 6 \text{ t}$$
$$a_1 = 27 \text{ m}, a_2 = 7,5 \text{ m}, b = 2,5 \text{ m}, m = 17,5 \text{ m}, l = 15,0 \text{ m}, h = 24,4 \text{ m}$$
$$c = 0,6 \text{ m}.$$

Man erhält

$$Q = \frac{(150 + 6) \cdot 27 + 2 \cdot 300 \cdot 2,5 + 6 \cdot 7,5}{2 \cdot 17,5}$$

oder

$$Q = \sim 164,5 \text{ t}.$$

Setzt man den obigen algebraischen Ausdruck für Q in eine der beiden Momentengleichungen ein, dann ergibt sich der Wert für die Größe des Schubes.

$$H = \frac{(P + K) \cdot a_1 - K \cdot a_2}{2 \cdot h}.$$

Die Zahlen liefern

$$H = \frac{(150 + 6) \cdot 27 - 6 \cdot 7,5}{2 \cdot 24,4} = \sim 85,4 \text{ t}.$$

Die Standsicherheit des festen Stützgerüstes wird durch die Fußverankerung herbeigeführt. Bezeichnet Z den Gesamtanzug der Anker auf einer Seite, dann läßt sich für beide Kipprichtungen folgende Stabilitätsgleichung aufstellen:

$$H \cdot (h + c) = G_2 \cdot \frac{l}{2} + Z \cdot l.$$

Hiernach

$$Z = \frac{H(h + c)}{l} - \frac{G_2}{2}.$$

Nach Einführung der Zahlen erhält man

$$Z = \frac{85,4 \, (24,4 + 0,6)}{15} - \frac{160}{2}$$

oder

$$Z = 62,3 \text{ t}.$$

Der Druck auf der anderen Seite ist

$$D = \frac{85,4 \, (24,4 + 0,6)}{15} + \frac{160}{2}$$

oder

$$D = 222,3 \text{ t}.$$

Der mit dem Schube H am Fuße der Drehsäule wirksame senkrechte Druck beträgt

bei Belastungszustand I

$$V_1 = P + K + G_1 + Q = 150 + 6 + 300 + 164,5 = 620,5 \text{ t},$$

bei Belastungszustand II

$$V_2 = K + G_1 + Q = 6 + 300 + 164,5 = 470,5 \text{ t.}$$

Die vorstehenden Ermittelungen haben zur Voraussetzung, daß der Fuß der Drehsäule selbständig auf dem Boden gelagert ist. Er hat also keine Verbindung mit den Füßen des Stützgerüstes in dem Sinne, daß Kräfte, die auf ihm lasten, auf letzteres übertragen werden könnten. Wohl ist der Punkt durch diagonale Stäbe zwischen den Ecken des Stützgerüstes zentriert, aber diese Stäbe bieten wegen ihrer großen Länge keinen merkbaren Widerstand.

Wie oben bereits bemerkt, soll ermittelt werden, in welcher äußersten Ausladung eine Last von 200 t an die Katze gehängt werden darf. Man kann hierzu die erste Gleichgewichtsbedingung für den Belastungszustand I benutzen, indem man sie nach $a_1 (a_0)$ umformt.

$$a_0 = \frac{H \cdot h - G_1 \cdot b + Q \cdot m}{P_0 + K}.$$

Die Zahlen ergeben

$$a_0 = \frac{85,4 \cdot 24,4 - 300 \cdot 2,5 + 164,5 \cdot 17,5}{200 + 6}$$

$$a_0 = 20,45 \text{ m.}$$

Der Kran soll imstande sein, von dieser Grenze an bis zur geringsten Ausladung von 7,5 m die Last von 200 t zu tragen. Das Belastungsschema ist in der Abb. 69 dargestellt. Die Verminderung der Last über diese Grenze hinaus, also von 200 auf 150 t, erfolgt nach der in der Abbildung angegebenen schwachen Kurve.

Da man bei Kran in Betrieb mit geringem Winddruck rechnet (etwa 20 bis 30 kg für den m²), so ist dieser Einfluß nicht sehr erheblich. Die Mittelkraft aus den Winddrucken gegen den drehbaren Teil liegt etwa in Höhe des Ringes, so daß der Schub daselbst sich um einiges erhöht. Greift die Kraft wesentlich oberhalb oder unterhalb der Ringstützung an, dann ist es leicht, die entsprechenden Schubanteile oben und am Fuß der Drehsäule zu ermitteln.

Ungleich größere Bedeutung kommt dem Wind zu, wenn er mit maximaler Stärke bei Kran außer Betrieb eingeführt wird. Er wird dann von links nach rechts wirkend angesetzt und erzeugt hauptsächlich Spannkräfte in dem Stützgerüst. Es ist notwendig, die Inanspruchnahme der Konstruktion auch für Wind in Querrichtung zu untersuchen. Die Mittelkraft liegt dann wohl außerhalb der Achse der Drehsäule und sucht den Kran zu schwenken. Die Widerstände dagegen werden von den Zähnen des Triebwerkes in Höhe des Ringes ausgeübt. Im übrigen wird der Winddruck durch kleinere Gegenrollen, deren Anordnung in der Abb. 66 zu ersehen ist, aufgenommen und auf den Ring bzw. das Stützgerüst übertragen. Der andere zugehörige Widerstand liegt am Fuß der Drehsäule.

In der Abb. 65 ist eine Ansicht quer gegen das Bauwerk wiedergegeben. Wegen der zwischenfahrenden Last sind, wie beim vor-

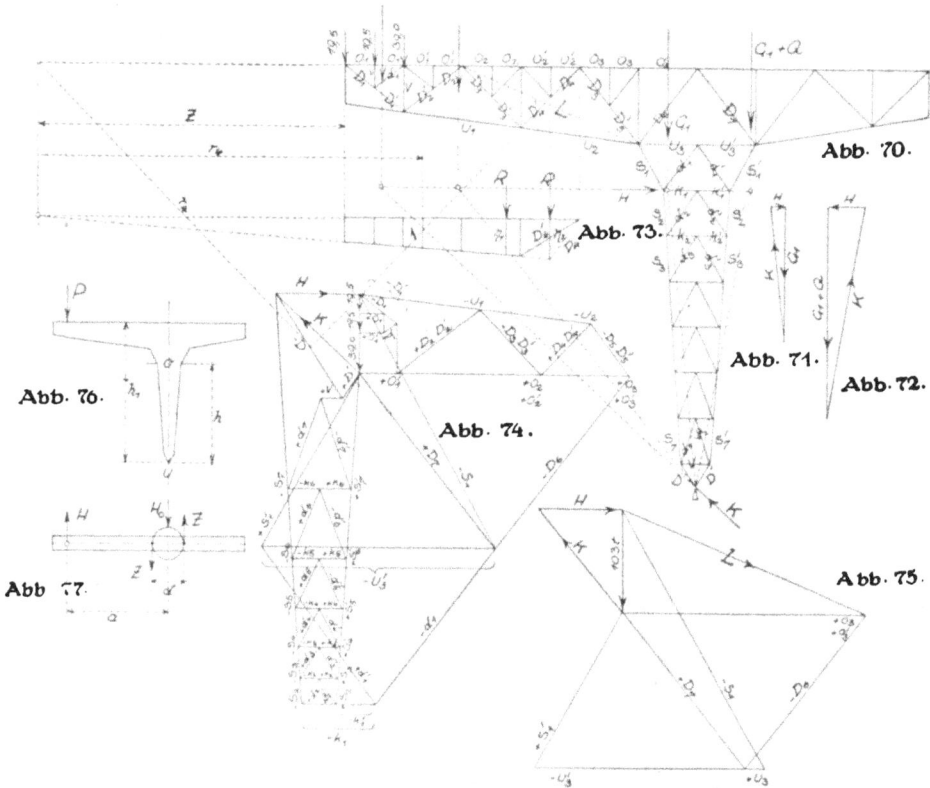

Abb. 70.

Abb. 73.

Abb. 71.

Abb. 76.

Abb. 72.

Abb. 74.

Abb. 77.

Abb. 75.

hergehenden Beispiel, die beiden Hauptwände innerhalb des Bereiches der Katzenbahn getrennt. Sie werden, wie schon bemerkt, durch außen angebrachte Zusatzträgersysteme in seitlicher Richtung ange-steift. Vergleiche auch Abb. 56. Außerhalb der Katzenfahrbahn, also nach der Seite des Gegengewichtsauslegers, können die Gurte oben und unten durch regelrechte Verbände miteinander verspannt werden.

Die Ermittelung der Spannkräfte der Krankonstruktion bietet keinerlei Schwierigkeiten. Es kommen in Anwendung einfache

Cremonapläne und Einflußlinien. Man untersucht den drehbaren Teil getrennt vom festen Stützgerüst. In der Abb. 70 ist der drehbare Teil besonders herausgezeichnet. Man beginnt mit dem Eigengewicht. Der Schwerpunkt desselben liegt etwas links von der Achse der Drehsäule. Bringt man diese Richtung zum Schnitt mit der Richtung des wagerechten Schubes am Ring und zieht von hier aus eine Gerade nach dem Fußpunkt, dann liefert diese die Richtung des Druckes an dieser Stelle. Im Plan Abb. 71 wurden durch einfache Zerlegung des Gewichtes G_1 die Größe des wagerechten Schubes und des Fußdruckes K ermittelt. Man kann auch mit dem Eigengewicht zugleich das Gewicht Q des Ballastes einführen. Die Mittelkraft daraus, also $G_1 + Q$, liegt dann um einiges nach rechts von der Achse der Drehsäule. Im Plan Abb. 72 wurden der zugehörige Schub H am Ring und der schräge Fußdruck K aufgerissen Nach Verteilung aller Gewichte auf die einzelnen Knoten kann nunmehr leicht ein Cremonaplan entwickelt werden. Es folgt sodann die Untersuchung des Systems für die bewegliche Belastung. Es ist leicht zu erkennen, daß die Diagonalen des Auslegers am stärksten in Anspruch genommen sind, wenn die Katze möglichst an das betreffende Feld herangefahren wird. Man zeichnet zweckmäßig für jeden Stab eine Einflußlinie. (Siehe Abb. 73, Einflußlinie der Stabkraft des Stabes D_4 bzw. D_4'.) Die Konstruktion wurde beim vorhergehenden Beispiel erläutert. Die ausgezogene Linie gilt für den Stab D_4'. Das punktierte angehängte Dreieck stellt den Einfluß des Zwischensystems dar; die Linie in diesem Umfange gilt für den Stab D_4. Eine Last P auf dem Träger, wenn η die unter ihr gemessene Ordinate der Einflußlinie bedeutet, liefert die Stabkraft

$$D_4 \text{ oder } D_4' = P \cdot \eta.$$

Zwecks Bestimmung der größten Spannkraft des Stabes D_4 rückt man nach Abb. 73 die Katze bis in die Spitze des punktierten Dreiecks. Bei dieser Stellung beträgt die Nutzlast 200 t. Der Raddruck ist

$$R = \frac{P + K}{4} = \frac{200 + 6}{4} = 51,5 \text{ t}.$$

Man erhält

$$D_4 = + R \cdot (\eta_1 + \eta_2)$$
$$= + 51,5 (1,34 + 1,22) = + \sim 132 \text{ t}.$$

Der Stab D_4' erleidet die größte Anspannung, wenn die Katze bis in die Spitze des ausgezogenen Dreiecks gebracht wird.

Es ist

$$D_4' = + R (\eta_1 + \eta_2)$$
$$= + 51,5 (1,22 + 1,14) = \sim 122 \text{ t}.$$

Die Gurtstäbe des Auslegers werden am ungünstigsten in Anspruch genommen bei äußerster Ausladung der Katze mit 150 t Last. Die Raddrucke betragen

$$R = \frac{150 + 6}{4} = 39,0 \text{ t}.$$

In der Abb. 70 sind die auf die anliegenden Knoten entfallenden Lastteile angegeben. Die Stabkräfte des Systems ergeben sich mit Aufzeichnung eines einfachen Cremonaplanes. Abb. 74. Die Auflagergrößen, nämlich den Schub H am Ring und die schräggerichtete Reaktion K am Fuß der Drehsäule, findet man folgendermaßen. Man bringt die Mittelkraft aus den angreifenden Lasten zum Schnitt mit der Richtung des Schubes H und zieht von hier aus eine Gerade nach dem Fußpunkt. Diese Gerade liefert dann die Richtung des hier zustande kommenden Widerlagerdruckes K. Durch einfache Zerlegung der Mittelkraft nach den betreffenden Richtungen ergibt sich die Größe der gesuchten Lagerwerte. Es erscheint überflüssig, dem Cremonaplan erläuternde Worte beizugeben. Es ist wohl möglich, daß einige Stäbe der Drehsäule ungünstiger in Anspruch genommen werden, wenn die Katze mit 200 t belastet und in die entsprechende etwas geringere äußerste Ausladung gebracht wird. Man entwickle auch für diesen Fall einen besonderen Kräfteplan. Zwecks Vereinfachung des Planes kann man sich der in der Abb. 70 eingeführten Hilfslinie L bedienen. In der Abb. 75 sind die Anfänge des Cremonaplanes aufgerissen. Schließlich sind noch die Spannkräfte des Systems bei eingezogener leerer Katze zu ermitteln.

Nachstehend mögen noch einmal die verschiedenen zu untersuchenden Belastungszustände für den drehbaren Teil aufgezählt werden:

1. Eigengewicht einschl. Gewicht des Ballastes,
2. Katze belastet mit 150 t, von Fall zu Fall zunehmend bis 200 t,
3. Katze leer eingezogen,
4. Wind in Längsrichtung (schwacher und starker),
5. Wind quer (schwacher und starker).

Die Einzelbelastungen setzen sich wie folgt zusammen:

I. (Kran im Betrieb) $1 + 2 + 4$
II. (Kran im Betrieb) $1 + 2 + 5$
III. (Kran außer Betrieb $1 + 3 + 4$
IV. (Kran außer Betrieb) $1 + 3 + 5$

Die Beanspruchung des Materials richtet sich nach der Belastungsart. Bei Kran außer Betrieb und hohem Winddruck darf bis an die äußerste Grenze gegangen werden.

Schließlich käme noch in Frage die Inanspruchnahme der Konstruktion durch Massenkräfte, die in die Erscheinung treten, wenn der Kran in Drehung gesetzt oder beim Schwenken durch Bremsung oder sonstwie gehemmt wird. Vergleiche die Darlegungen beim vorhergehenden Beispiel. Kräfte dieser Art lassen sich auch hier schwer nachweisen, da die Wirkung in der Hauptsache abhängig ist von dem elastischen Verhalten des Bauwerks. Ein Teil der lebendigen Massenkraft wird nämlich stets in Formänderungsarbeit des Gerüstes umgesetzt, und es ist schlechterdings eine kaum zu lösende Aufgabe, diejenige Wirkung herauszurechnen, die statisch in Ansatz gebracht werden kann. Beim vorhergehenden Beispiel war es möglich, die Klippe zu umgehen und ein sehr einfaches Verfahren aufzustellen, nämlich das des Gleitschubes der Räder. Das ist nun hier aber nicht anwendbar. Jedoch können wir von einer anderen Überlegung ausgehen, die ebenfalls zu einer brauchbaren und recht einfachen Lösung führt. Der Maschinenbauer ist nämlich in der Lage, für einen bestimmten Belastungszustand den beim Drehen wirksamen Zahndruck Z anzugeben. Wenngleich es dahingestellt sein mag, wie weit die Angabe praktisch zutrifft, so wollen wir sie doch als Ausgangspunkt für eine immerhin nützliche Berechnung verwerten. Der Belastungszustand sei P nach Abb. 76. Es möge ein doppelter Drehantrieb angenommen werden. Siehe Abb. 77. Im Augenblick, wo der Kran in Bewegung gesetzt oder umgekehrt beim Drehen zur Ruhe gebracht wird, betragen die beiden Zahndrücke im Maximum Z. Dann äußert die Last P einen wagerechten Schub H, für den sich in Beziehung auf Z folgende Gleichgewichtsbedingung aufstellen läßt.

$$H \cdot a = Z \cdot d.$$

Hiernach

$$H = Z \cdot \frac{d}{a}.$$

Zugleich entstehen am Ring und am Fuß der Drehsäule die wagerechten Reaktionen

$$H_0 = H \cdot \frac{h_1}{h}$$

und

$$H_u = -H \cdot \frac{h_1 - h}{h}.$$

Auf Grund der so gefundenen Kräfte lassen sich nun leicht die
Stabspannungen des Systems mit Hilfe eines Cremonaplanes ermitteln.

Eine Nebenwirkung, die die Drehsäule bis zum Ring auf Torsion
in Anspruch nimmt, tritt ein durch den Reibungswiderstand des
Fußlagers. Die Anstrengung ist jedoch unerheblich und darf vernachlässigt werden.

In ähnlicher Weise behandelt man das Eigengewicht und das
Gewicht des Ballastes. Man erhält wieder, wenn a_1 den Abstand des
Schwerpunktes von $G_1 + Q$ von der Mitte der Drehsäule bezeichnet

$$H_1 = Z_1 \cdot \frac{d}{a_1}.$$

Und weiter

$$H_0 = H_1 \cdot \frac{h_1}{h}$$

und

$$H_u = -H_1 \cdot \frac{h_1 - h}{h}.$$

Man verteilt den Schub H_1 entsprechend den Eigengewichten
auf die einzelnen Knoten, wonach die Ermittlung der Stabkräfte
ohne Schwierigkeit erfolgen kann.

Um alle Belastungsmöglichkeiten zu erschöpfen, kann man noch
einen Schrägzug der Last einführen. Vergleiche die Ausführungen
unter Beispiel 1. Man erhält dann an der Angriffstelle von P einen
wagerechten Schub H_s, dessen Überleitung in die Konstruktion
genau so erfolgt wie oben. Die zugehörigen Zahndrucke betragen

$$Z = H_s \cdot \frac{a}{d}.$$

Die Reaktionen am Ring und am Fuß der Drehsäule sind wieder

$$H_0 = H_s \cdot \frac{h_1}{h}$$

und

$$H_u = -H_s \cdot \frac{h_1 - h}{h}.$$

Hinsichtlich der Zusatzträgersysteme am Ausleger möge noch bemerkt werden, daß es zulässig ist, die wagerechten Schübe zur Hälfte auf jede Seite zu verteilen.

Bei dem festen Stützgerüst fällt das K-System der Füllglieder in die Augen. Die Einrichtung wurde getroffen, um eine bestimmte Verteilung des Schubes auf den Ring herbeizuführen. Bedenkt man, daß der Ring als solcher eine statisch unbestimmte Aufgabe von beträchtlicher Umständlichkeit darstellt, so ist es dringend erwünscht, daß wenigstens die äußeren Kräfte desselben nicht abhängig sind von

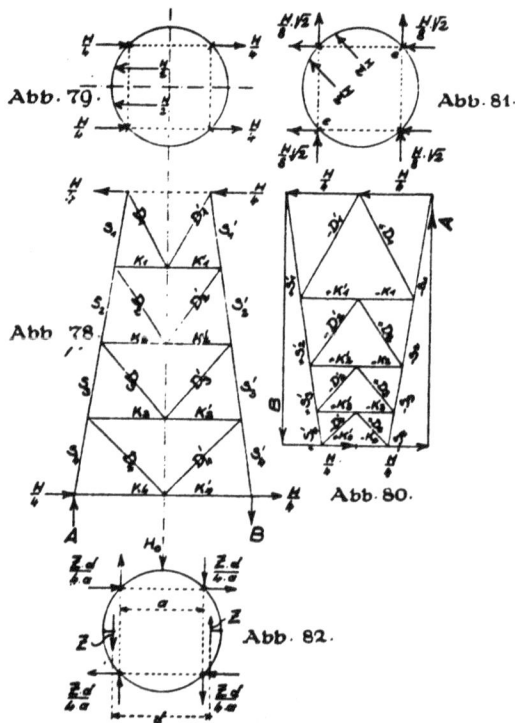

Abb. 79.

Abb. 81.

Abb. 78

Abb. 80.

Abb. 82.

elastischen Einflüssen, vielmehr von vornherein eindeutig festgelegt werden können. In der Abb. 79 ist der Ring mit dem Schube H, der sich zur Hälfte auf beide Rollen verteilt, zur Darstellung gebracht. Der Ring bildet das verbindende Glied zwischen den Eckknoten des Gerüstes. Das K-System bedingt, daß die Spannkräfte eines Diagonalpaares der Größe nach einander gleich sind. Es ist z. B. $+D_1 = -D_1'$. Hieraus folgt, daß der Ring gezwungen ist, den Schub genau zu gleichen Teilen auf die Ecken des Gerüstes zu übertragen. Wir erhalten somit den in der Abb. 78 angegebenen Belastungszustand

einer Gerüstwand. Ein einfacher Cremonaplan, Abb. 80, liefert die
Stabkräfte und die Auflagergrößen des Systems. Wie die Abb. 79
erkennen läßt, wurde angenommen, daß der Ausleger parallel zu der
untersuchten Gerüstwand gerichtet ist. Hierbei werden die beiden
anderen quer dazu stehenden Wände spannungslos. Bei jeder anderen
über Eck gerichteten Stellung des Auslegers erhalten alle vier Gerüstseiten zugleich Spannung. Es frägt sich, bei welchem Belastungsfall
wird das Gerüst am ungünstigsten in Anspruch genommen. In der
Abb. 81 wurden die Rollenschübe bei Auslegerrichtung über Eck
eingetragen. Es ergibt sich folgendes: Nimmt man an, daß der Ring
vollkommen starr ist, dann überträgt sich der Schub H zweifellos
zu gleichen Teilen auf alle vier Gerüstecken. Wir haben dann an jeder
Ecke in jeder Wandebene wirksam die Komponenten $\frac{H}{8} \cdot \sqrt{2}$. Während also beim ersten Belastungszustand eine Wand am Kopf von dem
Schube $\frac{H}{2}$ angegriffen wurde, haben wir in diesem Falle nur einen
Schub von $\frac{H}{4} \cdot \sqrt{2}$. Das bedeutet also, daß die Füllglieder einer Wand
bei Ausleger in Parallelrichtung stärker in Anspruch genommen werden,
als wenn der Ausleger über Eck steht. Anders verhält es sich mit den
Pfostenstäben. Diese erhalten ihre größten Spannungswerte beim
zweiten Belastungsfall, weil hier der Quotient aus dem Schub und
dem Hebelarm der Stabkraft größer ist als oben. Wir haben, wenn
a die Breite der Wand bezeichnet, beim ersten Belastungszustand

$$\frac{H}{2} : a = \frac{H}{2 \cdot a},$$

während der zweite liefert

$$H : a\sqrt{2} = \frac{H}{a\sqrt{2}}.$$

Die vorausgesetzte gleichmäßige Übertragung des Schubes auf
alle vier Gerüstecken beim Belastungsfall über Eck trifft nicht genau
zu, weil der Ring in Wirklichkeit elastisch ist und infolgedessen die
Verteilung abhängt von der Formveränderung der Gesamtkonstruktion. Aber der Fehler ist nur unerheblich und darf ohne Bedenken
zugelassen werden. Zumal damit eine mühevolle und zeitraubende
Elastizitätsrechnung umgangen werden kann.

Während also der Plan Abb. 80 die größten Füllgliederspannkräfte ergibt, sind die Spannkräfte der Pfostenstäbe wie auch die

senkrechten Auflagergrößen mit $\sqrt{2}$ zu multiplizieren. Zu bemerken ist noch, daß die Eckpfosten bei e spannungslos bleiben. Im übrigen lieferten noch der Winddruck, ferner die Massenkräfte beim Drehen und der Schrägzug der Last Reaktionen am Ring, die ebenfalls das Stützgerüst in Anspruch nehmen. Eine der Belastungen möge nach den Abb. 77 und 82 die Zahndrücke Z und den Druck H_0 der kleinen Gegenrolle hervorrufen. Das Moment aus dem Kräftepaar Z wird gleichmäßig von allen vier Gerüstseiten aufgenommen. Der auf jede Seite entfallende Schub folgt aus

$$Z \cdot d = 2 \cdot H \cdot a,$$

zu

$$H = \frac{Z \cdot d}{2 \cdot a}.$$

In der Abb. 82 sind die entsprechenden Anteile an jeder Ecke angegeben. Die Spannkräfte der Wand findet man mit einem Cremonaplan genau wie Abb. 80. Hierbei ist zu beachten, daß die Eckpfosten infolge des Zusammenwirkens aller Wände spannungslos bleiben. Ebenso heben sich aus demselben Grunde die senkrechten Auflagengrößen der einzelnen Wände auf. Es erscheinen an den Fußpunkten nur wagerechte Reaktionen von der Art wie oben an den Ecken. Es möge noch darauf hingewiesen werden, daß die geringe Schrägstellung der Wände eine kleine Verschiebung der Spannkräfte bedingt. Es liegt jedoch kein Grund vor, dem Umstande, da er keine Bedeutung hat, Rechnung zu tragen. Der Schub H_0 verteilt sich gleichmäßig auf die beiden parallel dazu gerichteten Gerüstseiten.

Infolge der Inanspruchnahme des Kranes durch Massenkräfte und Schrägzug der Last erfahren die früher angeschriebenen Belastungszustände eine Erweiterung. Man erkennt, daß eine sorgfältige Untersuchung des Krangerüstes, die dahin zielt, aus allen Belastungsmöglichkeiten die jeweils ungünstigsten Stabkräfte zusammenzufassen, eine nicht geringe Anforderung an Zeit und Mühe stellt.

Zu den letzten Darlegungen betreffend Wind, Massenkräfte und Schrägzug der Last sei noch bemerkt, daß hierbei, streng genommen, die verschiedensten Auslegerstellungen in Betracht gezogen werden müßten. Da jedoch die Belastungszustände immer nur Näherungen darstellen, so hat es keinen Sinn, die Untersuchung allzu weit zu führen, vielmehr genügt es, der Berechnung die Querstellung Abb. 79 und ev. die Stellung über Eck Abb. 81 zugrunde zu legen.

Der Ring ist im allgemeinen dreifach innerlich statisch unbestimmt. Wegen der hier vorliegenden Symmetrie der Belastung fällt jedoch eine unbekannte Größe fort. Bei den Ermittlungen wird der geringe Einfluß der Formänderung aus den Normal- und Querkräften vernachlässigt.

Erster Belastungsfall: Ausleger in genauer Querrichtung nach Abb. 79. Der Zustand wurde noch einmal in der Abb. 83 aufgerissen. Die Lasten werden mit P bezeichnet. Der in den Punkten 3 angreifende Rollenschub ist radial gerichtet. Abb. 86. Er liefert zwei Komponenten, eine 2 P in Richtung des Auslegers und eine V quer dazu. Die letztere darf wegen ihrer verschwindend geringen

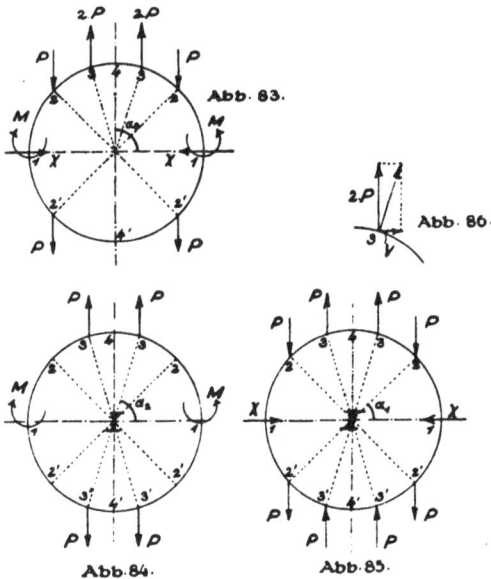

Abb. 83.

Abb. 86.

Abb. 84.

Abb. 85.

Wirkung außer acht gelassen werden. In den Punkten 2 liegen die Reaktionen der vier Gerüstecken.

Durchschneidet man den Ring an den Stellen 1, so erscheinen hier zwei unbekannte Größen, nämlich ein Moment M und eine Querkraft X. Die Normalkraft ist bekannt, sie beträgt P. Die unbekannten Größen lassen sich nach folgenden beiden Bedingungsgleichungen ermitteln.

$$\int \frac{M_\varphi}{J \cdot E} \cdot \frac{\partial M_\varphi}{\partial M} \cdot ds = 0 \qquad \int \frac{M_\varphi}{J \cdot E} \cdot \frac{\partial M_\varphi}{\partial X} \cdot ds = 0.$$

Man erhält zwei Elastizitätsgleichungen mit zwei Unbekannten.

Die Berechnungsweise ist jedoch außerordentlich umständlich und kann praktisch nicht empfohlen werden. Ungemein einfach ge-

staltet sich die Aufgabe, wenn man das Verfahren der Belastungsumordnung anwendet[1]). Man löst die Belastung in die beiden Teilbelastungen I und II auf. Abb. 84 und 85. Bei der Teilbelastung I
entsteht, wenn man die Stellen 1 betrachtet, nur eine unbekannte
Größe und zwar ein Moment M. Bei der Teilbelastung II haben wir
ebenfalls nur eine Unbekannte, nämlich eine Querkraft X an derselben Stelle. Das Verfahren hat somit den Erfolg, daß die beiden

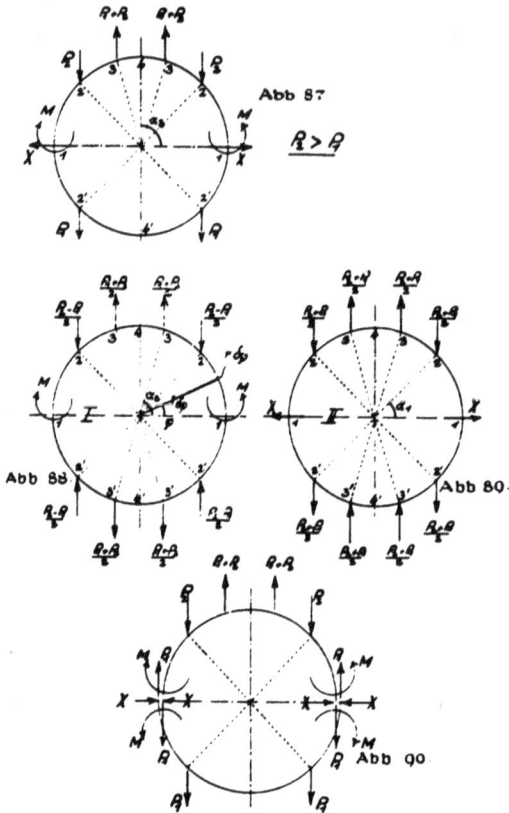

Abb 87

Abb 88

Abb 89

Abb 90

statisch unbestimmten Größen vollständig unabhängig voneinander
geworden sind und jede für sich selbständig ausgerechnet werden kann.
Ein weiterer Vorteil liegt darin, daß die Ermittlungen wegen der
Symmetrie der Belastungen sich immer nur über ein einziges Ringviertel erstrecken.

---

[1]) Siehe das Verfahren der Beleuchtungsumordnung in meinen Schriften
„Die Statik des Eisenbaues" und „Das BU-Verfahren", Verlag R. Oldenbourg,
München.

Man findet das Moment M (Teilbelastung I) nach

$$\int \frac{M_\varphi}{J \cdot E} \cdot \frac{\partial M_\varphi}{\partial M} \cdot ds = 0.$$

Die Querkraft X (Teilbelastung II) ergibt sich nach

$$\int \frac{M_\varphi}{J \cdot E} \cdot \frac{\partial M_\varphi}{\partial X} \cdot ds = 0.$$

Es ist zweckmäßig, die Berechnung für eine etwas allgemeinere Belastung als die in Frage stehende durchzuführen. Wir nehmen an, daß die Reaktionen des Stützgerüstes in den Punkten 2 paarweise verschieden sind. Siehe Abb. 87. Der Fall kommt später praktisch vor. Die gefundenen Formeln können dann, indem man $P_1 = P_2$ setzt, ohne weiteres für die hier vorliegende Aufgabe verwendet werden.

Wir ordnen die Belastung wieder um in die beiden Teilbelastungen I und II. Abb. 88 und 89. Bei der Teilbelastung I hat man wie oben nur ein Moment M, bei der Teilbelastung II nur eine Querkraft X.

Teilbelastung I. Ermittlung von M nach

$$\int \frac{M_\varphi}{J \cdot E} \cdot \frac{\partial M_\varphi}{\partial M} \cdot ds = 0.$$

Der Faktor $J \cdot E$ ist unveränderlich und fällt heraus.

Von $1 - 2$.

$$M_\varphi = - P_1 \cdot r (1 - \cos \varphi) + M \qquad \frac{\partial M_\varphi}{\partial M} = 1$$

$$\int_0^{a_1} \{- P_1 \cdot r (1 - \cos \varphi) + M\} \cdot r \cdot d\varphi$$

$$= - P_1 \cdot r^2 \cdot \int_0^{a_1} (1 - \cos \varphi) \, d\varphi + M \cdot r \cdot \int_0^{a_1} d\varphi \quad . \quad . \quad . \quad . \quad \text{(I)}$$

Von $2-3$.

$$M_\varphi = - P_1 \cdot r (1 - \cos \varphi) - \frac{P_2 - P_1}{2} \cdot r (\cos a_1 - \cos \varphi) + M$$

$$\frac{\partial M_\varphi}{\partial M} = 1$$

$$\int_{a_1}^{a_2} \left\{- P_1 \cdot r (1 - \cos \varphi) - \frac{P_2 - P_1}{2} \cdot r (\cos a_1 - \cos \varphi) + M \right\} r \cdot d\varphi$$

$$= - P_1 \cdot r^2 \cdot \int_{a_1}^{a_2} (1 - \cos \varphi) \, d\varphi - \frac{P_2 - P_1}{2} \cdot r^2 \cdot \int_{a_1}^{a_2} (\cos a_1 - \cos \varphi) \, d\varphi$$

$$+ M \cdot r \cdot \int_{a_1}^{a_2} d\varphi \quad . \quad . \quad . \quad . \quad . \quad . \quad . \quad . \quad . \quad . \quad . \quad . \quad \text{(II)}$$

Von 3—4.

$$M_q = - P_1 \cdot r - \frac{P_2 - P_1}{2} \cdot r \cdot \cos a_1 + \frac{P_2 + P_1}{2} \cdot r \cdot \cos a_2 + M$$

$$\frac{\partial M_\varphi}{\partial M} = 1$$

$$\int_{a_1}^{a_2} \left\{ - P_1 \cdot r - \frac{P_2 - P_1}{2} \cdot r \cdot \cos a_1 + \frac{P_2 + P_1}{2} \cdot r \cdot \cos a_2 + M \right\} r \cdot d\varphi$$

$$= - P_1 \cdot r^2 \cdot \int_{a_1}^{a_2} d\varphi - \frac{P_2 - P_1}{2} \cdot r^2 \cdot \int_{a_1}^{a_2} \cos a_1 \cdot d\varphi$$

$$+ \frac{P_2 + P_1}{2} \cdot r^2 \cdot \int_{a_1}^{a_2} \cos a_2 \cdot d\varphi + M \cdot r \cdot \int_{a_1}^{a_2} d\varphi \quad . \quad . \quad . \quad . \quad . \quad (III)$$

Zusammenfassung: $I + II + III = 0$.

$$M \cdot r \cdot \int_0^{a_1} d\varphi + M \cdot r \cdot \int_{a_1}^{a_2} d\varphi + M \cdot r \cdot \int_{a_2}^{a_3} d\varphi - P_1 \cdot r^2 \cdot \int_0^{a_1} (1 - \cos \varphi) \, d\varphi$$

$$- P_1 \cdot r^2 \cdot \int_{a_1}^{a_2} (1 - \cos \varphi) \, d\varphi - \frac{P_2 - P_1}{2} \cdot r^2 \cdot \int_{a_1}^{a_2} (\cos a_1 - \cos \varphi) \, d\varphi$$

$$\stackrel{\angle}{} P_1 \cdot r^2 \cdot \int_{a_2}^{a_3} d\varphi - \frac{P_2 - P_1}{2} \cdot r^2 \cdot \cos a_1 \cdot \int_{a_2}^{a_3} d\varphi$$

$$+ \frac{P_2 + P_1}{2} \cdot r^2 \cdot \cos a_2 \cdot \int_{a_2}^{a_3} d\varphi = 0$$

oder

$$M = \frac{2 \cdot P_1 \cdot r}{\pi} \left[\frac{\pi}{2} - \frac{P_2 + P_1}{2 P_1} \left(\frac{\pi}{2} - a_2 \right) \cos a_2 - \frac{P_2 + P_1}{2 P_1} \cdot \sin a_2 \right.$$

$$\left. + \frac{P_2 - P_1}{2 P_1} \left\{ \sin a_1 + \cos a_1 (a_3 - a_1) \right\} \right].$$

Teilbelastung II. Ermittlung von X nach

$$\int \frac{M_q}{J \cdot E} \cdot \frac{\partial M_q}{\partial X} \cdot ds = 0.$$

Von 1—2.

$$M_\varphi = - X \cdot r \cdot \sin \varphi \qquad \frac{\partial M_\psi}{\partial X} = - r \cdot \sin \varphi$$

$$\int_0^{a_1} X \cdot r^2 \cdot \sin^2 \varphi \cdot r \cdot d\varphi = X \cdot r^3 \cdot \int_0^{a_1} \sin^2 \varphi \cdot d\varphi \quad . \quad . \quad . \quad . \quad . \quad . \quad (I)$$

Von 2—3.

$$M_\varphi = - X \cdot r \cdot \sin \varphi + \frac{P_2 + P_1}{2} \cdot r (\cos a_1 - \cos \varphi)$$

$$\frac{\partial M_\varphi}{\partial X} = - r \cdot \sin \varphi$$

$$\int_{a_1}^{a_2}\left\{X\cdot r^2\cdot\sin^2\varphi-\frac{P_2+P_1}{2}\cdot r^2\left(\cos a_1\cdot\sin\varphi-\sin\varphi\cdot\cos\varphi\right)\right\}r\cdot d\varphi$$

$$=X\cdot r^3\cdot\int_{a_1}^{a_2}\sin^2\varphi\cdot d\varphi-\frac{P_2+P_1}{2}\cdot r^3\cdot\cos a_1\cdot\int_{a_1}^{a_2}\sin\varphi\cdot d\varphi$$

$$+\frac{P_2+P_1}{2}\cdot r^3\cdot\int_{a_1}^{a_2}\sin\varphi\cdot\cos\varphi\cdot d\varphi\quad\ldots\quad\ldots\quad\ldots\quad\text{(II)}$$

Von 3—4.

$$M_\varphi=-X\cdot r\cdot\sin\varphi+\frac{P_2+P_1}{2}\cdot r\left(\cos a_1-\cos a_2\right)$$

$$\frac{\partial M_\varphi}{\partial X}=-r\cdot\sin\varphi$$

$$\int_{a_2}^{a_3}\left\{X\cdot r^2\cdot\sin^2\varphi-\frac{P_2+P_1}{2}\cdot r^2\left(\cos a_1-\cos a_2\right)\sin\varphi\right\}r\cdot d\varphi$$

$$=X\cdot r^3\cdot\int_{a_2}^{a_3}\sin^2\varphi\cdot d\varphi-\frac{P_2+P_1}{2}\cdot r^3\left(\cos a_1-\cos a_2\right)\int_{a_2}^{a_3}\sin\varphi\cdot d\varphi\quad\text{(III)}$$

Zusammenfassung: $\mathrm{I}+\mathrm{II}+\mathrm{III}=0$.

$$X\cdot r^3\cdot\int_0^{a_1}\sin^2\varphi\cdot d\varphi+X\cdot r^3\cdot\int_{a_1}^{a_2}\sin^2\varphi\cdot d\varphi+X\cdot r^3\cdot\int_{a_2}^{a_3}\sin^2\varphi\cdot d\varphi$$

$$-\frac{P_2+P_1}{2}\cdot r^3\cdot\cos a_1\cdot\int_{a_1}^{a_2}\sin\varphi\cdot d\varphi+\frac{P_2+P_1}{2}\cdot r^3\cdot\int_{a_1}^{a_2}\sin\varphi\cdot\cos\varphi\cdot d\varphi$$

$$-\frac{P_2+P_1}{2}\cdot r^3\left(\cos a_1-\cos a_2\right)\int_{a_2}^{a_3}\sin\varphi\cdot d\varphi=0$$

oder

$$X=\frac{P_1+P_2}{\pi}\left(\cos^2 a_1-\cos^2 a_2\right).$$

Setzt man in den beiden Formeln für M und X die Lasten $P_1=P_2=P$, dann erhält man die für den ersten Belastungsfall Abb. 83 gültigen Werte, nämlich

$$M=\frac{2\cdot P\cdot r}{\pi}\left\{\frac{\pi}{2}-\left(\frac{\pi}{2}-a_2\right)\cdot\cos a_2-\sin a_2\right\}$$

und

$$X=\frac{2\cdot P}{\pi}\left(\cos^2 a_1-\cos^2 a_2\right).$$

In der Abb. 90 ist der Richtungssinn der im geschnitten gedachten Querschnitt bei 1 wirksamen Kräfte und Momente deutlich veranschaulicht. Nach Berechnung der Werte M und X lassen sich leicht die Momente über den ganzen Ring aufstellen. Man behandelt dabei zweckmäßig zunächst jede Teilbelastung für sich und wirft die Ergebnisse nachher zusammen. Bei Ermittlung der Inanspruchnahme des Ringes sind mit den Momenten zugleich die Normalkräfte einzuführen. Die Querkräfte haben nur nebensächliche Bedeutung.

Beispiel. Moment des Querschnittes bei 4.

Teilbelastung I (Abb. 84).

$$M_4' = -P \cdot r + P \cdot r \cdot \cos a_2 + M$$
$$= -P \cdot r \, (1 - \cos a_2) + M$$

Normalkraft $N_4' = 0$.

Teilbelastung II (Abb. 85).

$$M_4'' = +X \cdot r - P \cdot r \cdot \cos a_1 + P \cdot r \cdot \cos a_2$$
$$= X \cdot r - P \cdot r \, (\cos a_1 - \cos a_2).$$

Normalkraft $N_4'' = X$.

Das tatsächliche Moment ist

$$M_4 = M_4' + M_4'' = M + X \cdot r - P \cdot r \, (1 + \cos a_1 - 2 \cdot \cos a_2)$$
$$N_4 = X.$$

Wenngleich die Berechnung an sich exakt ist, sind doch die Ergebnisse nicht scharf, weil der Querschnitt des Ringes im Verhältnis zur Krümmung ein großer ist. Man wird diesem Umstande durch eine nicht zu hohe Materialinanspruchnahme Rechnung tragen.

Zweiter Belastungsfall: Ausleger über Eck nach Abb. 81.

Vergleiche auch Abb. 91. Es wird wieder eine etwas allgemeinere Belastung angenommen. Es sollen nur zwei gegenüberliegende Reaktionen an den Ecken des Stützgerüstes einander gleich sein. Die entwickelten Formeln können dann ohne weiteres durch Gleichsetzung von P_1 und P_2 für den besonderen Fall Abb. 81 benutzt werden. Die Seitenkomponente V des Rollendruckes wird wegen ihrer verschwindend geringen Wirkung vernachlässigt.

Die Aufgabe ist zweifach statisch unbestimmt und läßt sich wieder bei Umordnung der Belastung in die beiden Teilstücke I und II, Abb. 92 und 93, in sehr einfacher Weise lösen. Bei der Teilbelastung I erscheint nur ein Moment M im Querschnitt bei 1, bei der Teilbelastung II haben wir nur eine Querkraft X an derselben Stelle.

Teilbelastung I. Ermittlung von M nach

$$\int \frac{M_\varphi}{J \cdot E} \cdot \frac{\partial M_\varphi}{\partial M} \cdot ds = 0.$$

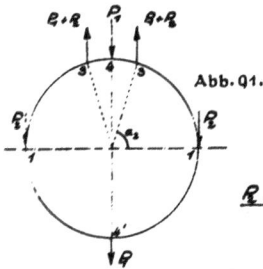

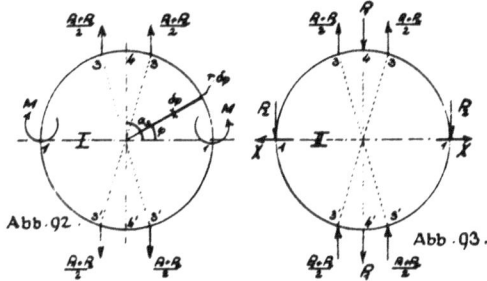

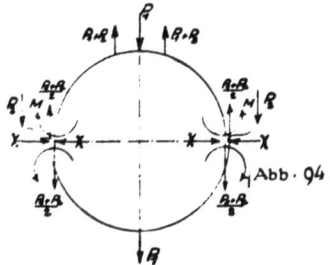

Abb. 91.

$R > R$

Abb. 92.

Abb. 93.

Abb. 94.

Von 1—3.

$$M_\varphi = - \frac{P_1 + P_2}{2} \cdot r (1 - \cos \varphi) + M \qquad \frac{\partial M_\varphi}{\partial M} = 1$$

$$\int_0^{a_2} \left\{ - \frac{P_1 + P_2}{2} \cdot r (1 - \cos \varphi) + M \right\} r \cdot d\varphi$$

$$= - \frac{P_1 + P_2}{2} \cdot r^2 \cdot \int_0^{a_2} (1 - \cos \varphi) \cdot d\varphi + M \cdot r \cdot \int_0^{a_2} d\varphi \quad . \quad . \quad . \quad (I)$$

Von 3—4.

$$M_\varphi = -\frac{P_1 + P_2}{2} \cdot r(1 - \cos a_2) + M \qquad \frac{\partial M_\varphi}{\partial M} = 1$$

$$\int_{a_2}^{a_3} \left\{ -\frac{P_1 + P_2}{2} \cdot r(1 - \cos a_2) + M \right\} r \cdot d\varphi$$

$$= -\frac{P_1 + P_2}{2} \cdot r^2 \cdot \int_{a_2}^{a_3} (1 - \cos a_2)\, d\varphi + M \cdot r \cdot \int_{a_2}^{a_3} d\varphi \quad \cdot \ \cdot \ \cdot \quad \text{(II)}$$

Zusammenfassung:

$$M \cdot r \cdot \int_0^{a_2} d\varphi + M \cdot r \cdot \int_{a_2}^{a_3} d\varphi - \frac{P_1 + P_2}{2} \cdot r^2 \cdot \int_0^{a_2} (1 - \cos \varphi)\, d\varphi$$

$$- \frac{P_1 + P_2}{2} \cdot r^2 \cdot \int_{a_2}^{a_3} (1 - \cos a_2)\, d\varphi = 0$$

oder

$$M = (P_1 + P_2) \cdot \frac{r}{\pi} \left\{ \frac{\pi}{2} - \left(\frac{\pi}{2} - a_2 \right) \cdot \cos a_2 - \sin a_2 \right\} \cdot$$

Teilbelastung II. Ermittlung von X nach

$$\int \frac{M_\varphi}{J \cdot E} \cdot \frac{\partial M_\varphi}{\partial X} \cdot ds = 0.$$

Von 1—3.

$$M_\varphi = X \cdot r \cdot \sin \varphi - \frac{P_2}{2} \cdot r(1 - \cos \varphi) \qquad \frac{\partial M_\varphi}{\partial X} = r \cdot \sin \varphi$$

$$\int_0^{a_2} \left\{ X \cdot r^2 \cdot \sin^2 \varphi - \frac{P_2}{2} \cdot r^2 (1 - \cos \varphi) \sin \varphi \right\} r \cdot d\varphi$$

$$= X \cdot r^3 \int_0^{a_2} \sin^2 \varphi \cdot d\varphi - \frac{P_2}{2} \cdot r^3 \cdot \int_0^{a_2} (1 - \cos \varphi) \sin \varphi \cdot d\varphi \quad \cdot \ \cdot \quad \text{(I)}$$

Von 3—4.

$$M_y = X \cdot r \cdot \sin \varphi - \frac{P_2}{2} \cdot r(1 - \cos \varphi) + \frac{P_1 + P_2}{2} \cdot r(\cos a_2 - \cos \varphi)$$

$$\frac{\partial M_\varphi}{\partial X} = r \cdot \sin \varphi$$

$$\int_{a_2}^{a_3} \left\{ X \cdot r^2 \cdot \sin^2 \varphi - \frac{P_2}{2} \cdot r^2 (1 - \cos \varphi) \sin \varphi \right.$$

$$\left. + \frac{P_1 + P_2}{2} \cdot r^2 \cdot (\cos a_2 - \cos \varphi) \sin \varphi \right\} r \cdot d\varphi$$

$$X \cdot r^3 \int_{a_2}^{a_3} \sin^2 \varphi \cdot d\varphi - \frac{P_2}{2} \cdot r^3 \int_{a_1}^{a_3} (1 - \cos \varphi) \sin \varphi \cdot d\varphi$$

$$+ \frac{P_1 + P_2}{2} \cdot r^3 \cdot \int_{a_3}^{a_3} (\cos a_2 - \cos \varphi) \sin \varphi \cdot d\varphi \quad \ldots \ldots \text{(II)}$$

Zusammenfassung:

$$X \cdot r^3 \cdot \int_0^{a_2} \sin^2 \varphi \cdot d\varphi + X \cdot r^3 \cdot \int_{a_2}^{a_3} \sin^2 \varphi \cdot d\varphi - \frac{P_2}{2} \cdot r^3 \cdot \int_0^{a_2} (1 - \cos \varphi) \sin \varphi \cdot d\varphi$$

$$- \frac{P_2}{2} \cdot r^3 \cdot \int_{a_1}^{a_3} (1 - \cos \varphi) \sin \varphi \cdot d\varphi$$

$$+ \frac{P_1 + P_2}{2} \cdot r^3 \int_{a_2}^{a_3} (\cos a_2 - \cos \varphi) \sin \varphi \cdot d\varphi = 0$$

oder

$$X = \frac{P_1 + 2 P_2}{\pi} - \frac{P_1 + P_2}{\pi} (\sin^2 a_2 + 2 \cdot \cos^2 a_2).$$

Setzt man $P_1 = P_2 = P$, dann erhält man die Formeln für den Belastungsfall Abb. 81.

$$M = 2 \cdot P \cdot \frac{r}{\pi} \left\{ \frac{\pi}{2} - \left(\frac{\pi}{2} - a_2 \right) \cdot \cos a_2 - \sin a_2 \right\}.$$

und

$$X = \frac{3 \cdot P}{\pi} - \frac{2 \cdot P}{\pi} (\sin^2 a_2 + 2 \cdot \cos^2 a_2).$$

Zwecks besserer Anschauung sind in der Abb. 94 die in dem Querschnitt bei 1 wirksamen Kräfte und Momente eingetragen. Nach Berechnung der Größen M und X ist man in der Lage, die Momente über den ganzen Ring anzuschreiben. Man geht zweckmäßig von den Teilbelastungen aus und vereinigt nachher die Ergebnisse.

Beispiel. Moment des Querschnittes bei 4.

Teilbelastung I (Abb. 92).

$$M_4' = - \frac{P_1 + P_2}{2} \cdot r (1 - \cos a_2) + M$$

Normalkraft $N_4' = 0$.

Teilbelastung II (Abb. 93).

$$M_4'' = X \cdot r - \frac{P_2}{2} \cdot r + \frac{P_1 + P_2}{2} \cdot r \cdot \cos a_2$$

Normalkraft $N_4'' = X$.

Das tatsächliche Moment beträgt

$$M_4 = M_4' + M_4''$$

$$= M + X \cdot r - \frac{P_1 + P_2}{2} \cdot r (1 - \cos a_2) - \frac{P_2}{2} \cdot r + \frac{P_1 + P_2}{2} \cdot r \cdot \cos a_2$$

$$= M + X \cdot r - \frac{P_1 + P_2}{2} \cdot r (1 - 2 \cdot \cos a_2) - \frac{P_2}{2} \cdot r$$

$$N_4 = X.$$

Von besonderem Interesse ist die bei irgendeiner Belastung zutage tretende Formveränderung des Ringes. Es sei auf mein Buch „Die Statik des Kranbaues", zweite Auflage, hingewiesen, wo im 7. Abschnitt Untersuchungen nach dieser Richtung angestellt wurden. Man wird imstande sein, an Hand jenes Beispiels weitere irgendwelche wissenswerte Formveränderungen zu bestimmen.

Dritter Belastungsfall: Angriff des Zahndruckes. Abb. 95.

Es soll etwas allgemeiner angenommen werden, daß die Seiten des Stützgerüstes verschieden breit sind. Die Maße seien a und b. Man kann die Formeln dann ohne weiteres durch Gleichsetzung von a und b auf den quadratischen Fall anwenden.

Das Moment $Z \cdot d$ wird von den vier Wänden aufgenommen. Infolge der Einspannung des Stützgerüstes am Fuß sind die Schubanteile der einzelnen Wände paarweise statisch unbestimmt; sie hängen ab von den elastischen Vorgängen der Gesamtkonstruktion. Es ist zulässig, anzunehmen, daß die Schübe sich nach den einfachen Hebelgesetzen verteilen. Bezeichnen Q_a die Anteile der schmalen und Q_b die Anteile der breiten Seiten, dann dürfen wir schreiben

$$Z \cdot d = Q_a \cdot b + Q_b \cdot a.$$

Ferner muß sein

$$\frac{Q_a}{a} = \frac{Q_b}{b}.$$

Die Beziehungen ergeben

$$Q_a = \frac{Z \cdot d}{2 \cdot b}$$

und

$$Q_b = \frac{Z \cdot d}{2 \cdot a}.$$

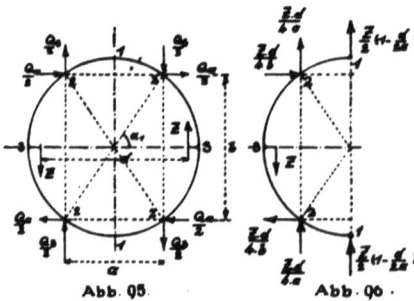

Abb. 95.

Abb. 96.

Das K-System bedingt, daß der Schub einer Wand sich zur Hälfte auf jede Ecke überträgt. Wir erhalten somit den in der Abb. 95

angegebenen Belastungszustand des Ringes. Wegen der Symmetrie der Kräfteanordnung ist die Aufgabe statisch ohne weiteres ermittelbar. Führt man nach Abb. 96 einen Schnitt durch die Punkte 1, so erscheinen an diesen Stellen nur Querkräfte, die sich aus der Bedingung herleiten lassen, daß die Summe aller Vertikalkräfte gleich Null sein muß.

$$\frac{Z}{2} - \frac{Z \cdot d}{4 \cdot a} - V = 0.$$

Hieraus

$$V = \frac{Z}{2}\left(1 - \frac{d}{2 \cdot a}\right).$$

Damit ist die Aufgabe in sehr einfacher Weise gelöst. Die Momente betragen

$$M_1 = 0$$

$$M_2 = -\frac{Z}{2}\left(1 - \frac{d}{2 \cdot a}\right) \cdot \frac{a}{2} = -\frac{Z}{4}\left(a - \frac{d}{2}\right)$$

$$M_3 = -\frac{Z}{2}\left(1 - \frac{d}{2 \cdot a}\right)r - \frac{Z \cdot d}{4 \cdot a}\left(r - \frac{a}{2}\right) + \frac{Z \cdot d}{4 \cdot b} \cdot \frac{b}{2}$$

$$= -\frac{Z}{2}\left(r - \frac{d}{2}\right).$$

Die Momente des anderen Ringviertels sind umgekehrt gerichtet. Ebenso einfach ermitteln sich die Normal- und Querkräfte.

Beispielsweise beträgt die Normalkraft nahe oberhalb des Querschnittes bei 3

$$N_3 = \frac{Z}{2}\left(1 - \frac{d}{2 \cdot a}\right) + \frac{Z \cdot d}{4 \cdot a} = +\frac{Z}{2}.$$

Von Wichtigkeit ist noch folgendes: Bei einem der beiden ersten Belastungsfälle erleidet der Ring eine wesentliche Formveränderung. Wir betrachten einmal den Belastungsfall Abb. 83. Man erkennt, daß der Ring die Gestalt einer Ellipse annimmt, indem die Punkte 1 — 1 sich einander nähern. Der Belastungszustand wurde in der Abb. 97 noch einmal vor Augen geführt. Es möge δ die Verkürzung des Ringdurchmessers, also die Annäherung der Punkte 1, bezeichnen. Nun kann es vorkommen, daß die kleinen Gegenrollen, die an diesen Stellen angeordnet sind, bei spannungslosem Ring (unbelastetem Kran) stramm, d. h. ohne Spiel eingezwängt wurden. Die Folge ist dann, daß die Formveränderung nicht eintritt und daß die Gegenrollen einen Druck D aufzunehmen gezwungen sind. Der Druck ist von großem Belang und soll nachstehend berechnet werden.

Als Bedingung können wir ohne weiteres anschreiben, daß die Formveränderung des Ringes in der Achse 1—1, hervorgerufen durch den Druck D, ebenso groß sein muß wie die Formveränderung infolge der Belastung durch die Kräfte P.

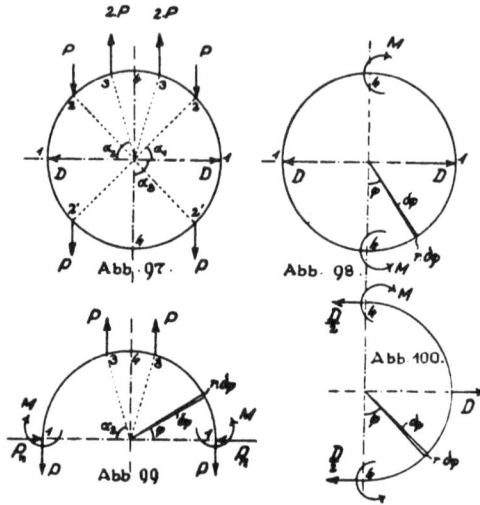

Abb. 97. Abb. 98. Abb. 99. Abb. 100.

Der Ermittelung der Formveränderung durch die Kräfte P legt man die Teilbelastung I, Abb. 84, zugrunde. Bei der Teilbelastung II, Abb. 85, kommt keine Verkürzung des Ringdurchmessers in der fraglichen Achse zustande. Wir betrachten nach Abb. 99 eine Ringhälfte. Bringt man in den Punkten 1 die gedachte Kraft P_n im Sinne und in der Richtung der gesuchten Verschiebung an, dann berechnet sich diese nach

$$\delta = \int \frac{M_\varphi}{J \cdot E} \cdot \frac{\partial M_\varphi}{\partial P_n} \cdot ds.$$

Wir integrieren nur über ein Ringviertel.

Von 1—3.

$$M_\varphi = -M + P \cdot r (1 - \cos \varphi) + P_n \cdot r \cdot \sin \varphi$$

$$\frac{\partial M_\varphi}{\partial P_n} = r \cdot \sin \varphi \qquad P_n = 0$$

$$\frac{1}{J \cdot E} \int_0^{\pi/4} \{-M \cdot r \cdot \sin \varphi + P \cdot r^2 \cdot (1 - \cos \varphi) \sin \varphi\} r \cdot d\varphi \quad . \quad . \quad \text{(I)}$$

Von 3—4.

$$M_{q} = -M + P \cdot r (1 - \cos a_2) + P_n \cdot r \cdot \sin \varphi$$

$$\frac{\partial M_{\varphi}}{\partial P_n} = r \cdot \sin \varphi \qquad P_n = 0$$

$$\frac{1}{J \cdot E} \int_{a_2}^{a_3} \{-M \cdot r \cdot \sin \varphi + P \cdot r^2 (1 - \cos a_2) \sin \varphi\} r \cdot d\varphi \quad . \quad . \quad \text{(II)}$$

Zusammenfassung

$$\delta = -\frac{M \cdot r^2}{J \cdot E} \cdot \int_0^{a_2} \sin \varphi \cdot d\varphi + \frac{P \cdot r^3}{J \cdot E} \cdot \int_0^{a_2} (1 - \cos \varphi) \sin \varphi \cdot d\varphi$$

$$-\frac{M \cdot r^2}{J \cdot E} \cdot \int_{a_2}^{a_3} \sin \varphi \cdot d\varphi + \frac{P \cdot r^3}{J \cdot E} \int_{a_2}^{a_3} (1 - \cos a_2) \sin \varphi \cdot d\varphi.$$

Oder die ganze Verschiebung

$$2 \cdot \delta = \frac{2 \cdot r^2}{J \cdot E} \left(\frac{P \cdot r}{2} \cdot \sin^2 a_2 - M \right).$$

Es folgt nunmehr die Ermittlung der Formveränderung infolge der Kraft D. Vgl. die Abb. 98. Bei diesem Belastungszustand erscheint als statisch unbestimmte Größe das Moment M in den Punkten 4. Der Wert ergibt sich nach Gleichung (9), wenn man die Lasten P zusammendreht, wenn also eingeführt wird

$$a_1 = a_2 = a_3 = 90^0 = \frac{\pi}{2}.$$

Man erhält

$$M = \frac{D}{2} \cdot r \left(1 - \frac{2}{\pi} \right).$$

Die Verschiebung berechnet sich nach

$$\delta = \int \frac{M_{\varphi}}{J \cdot E} \cdot \frac{\partial M_{\varphi}}{\partial \frac{D}{2}} \cdot ds.$$

Von 4—1.

$$M_q = \frac{D}{2} \cdot r (1 - \cos \varphi) - M$$

$$= \frac{D}{2} \cdot r (1 - \cos \varphi) - \frac{D}{2} \cdot r \left(1 - \frac{2}{\pi} \right)$$

$$= \frac{D}{2} \cdot r \left(\frac{2}{\pi} - \cos \varphi \right)$$

$$\frac{\partial M_\varphi}{\partial \frac{D}{2}} = r\left(\frac{2}{\pi} - \cos\varphi\right)$$

$$\delta = \frac{D}{2\cdot J\cdot E}\int_0^{a_3=\frac{\pi}{2}} r^2\left(\frac{2}{\pi} - \cos\varphi\right)^2 \cdot r\cdot d\varphi$$

oder die ganze Verschiebung

$$2\cdot\delta = \frac{D\cdot r^3}{J\cdot E}\int_0^{\frac{\pi}{2}}\left(\frac{2}{\pi} - \cos\varphi\right)^2 \cdot d\varphi = \frac{D\cdot r^3}{J\cdot E}\cdot 0{,}1488.$$

Wie schon gesagt, muß die Formveränderung aus den Kräften P so groß sein wie die Formveränderung infolge des Druckes D. Wir schreiben

$$\frac{2\cdot r^2}{J\cdot E}\left(\frac{P\cdot r}{2}\cdot\sin^2 a_2 - M\right) = \frac{D\cdot r^3}{J\cdot E}\cdot 0{,}1488.$$

Hieraus folgt die Größe des gesuchten Druckes

$$D = \frac{13{,}441}{r}\left(\frac{P}{2}\cdot r\cdot\sin^2 a_2 - M\right)\cdot$$

Dreht man sämtliche Lasten zusammen ($a_1 = a_2 = a_3 = 90^0$), wenn also der Ring in den Punkten 4 von den nach außen gerichteten Kräften $2\cdot P$ angegriffen wird, dann ergibt sich beispielsweise

$$D = \frac{13{,}441}{r}\left(\frac{P}{2}\cdot r - P\cdot r\cdot 0{,}3634\right)$$

oder

$$D = 1{,}836\cdot P.$$

(M nach Gleichung (9) zu $M = P\cdot r\left(1 - \frac{2}{\pi}\right) = P\cdot r\cdot 0{,}3634.$)

Liegen die Rollen nicht fest an, besteht vielmehr ein Spiel s, dann kommt nur ein geringer Druck zustande. Nach dem Geradengesetz, wenn sich die Drücke wie die Wege verhalten, muß sein

$$D' = D\cdot\frac{\delta - s}{\delta}\cdot$$

Ist das Spiel gerade so groß wie die Formveränderung aus den Kräften P, wenn also $s = \delta$, dann wird $D' = 0$.

Beispiel 12. Derselbe Kran wie vorher, nur mit einem dreibeinigen festen Stützgerüst nach Abbildung 101.

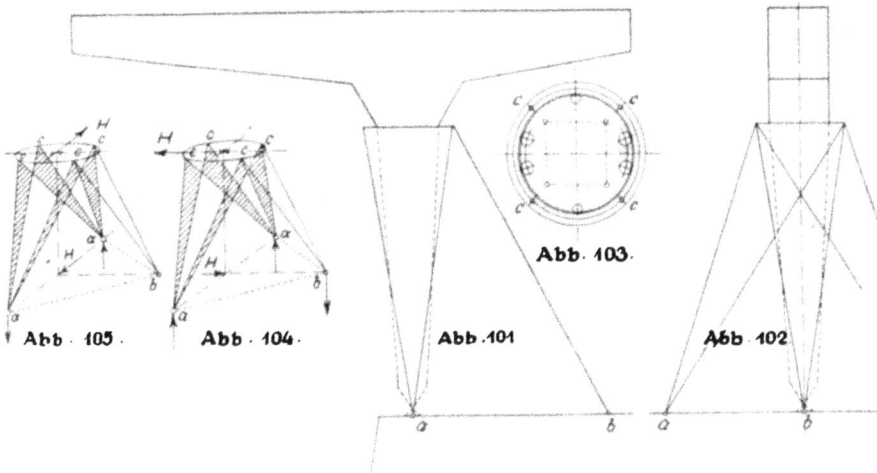

Abb. 105.   Abb. 104.   Abb. 101.   Abb. 103.   Abb. 102.

Für die Berechnung des Stützgerüstes kommt in der Hauptsache wieder der am Ring oben angreifende Schub H in Betracht. Der Ring ist an vier Stellen c auf dem Dreibein gelagert. Vergleiche Abb. 104 u. 105. Maßgebend für die Berechnung des Gerüstes ist die Frage nach der Verteilung des Schubes H auf die vier Stützpunkte c. Wir untersuchen Schub in Richtung Abb. 104 und Schub in Richtung Abb. 105. Die beiden Belastungszustände sind in den Figurengruppen 106, 107, 108 und 109, 110 und 111 noch einmal aufgerissen.

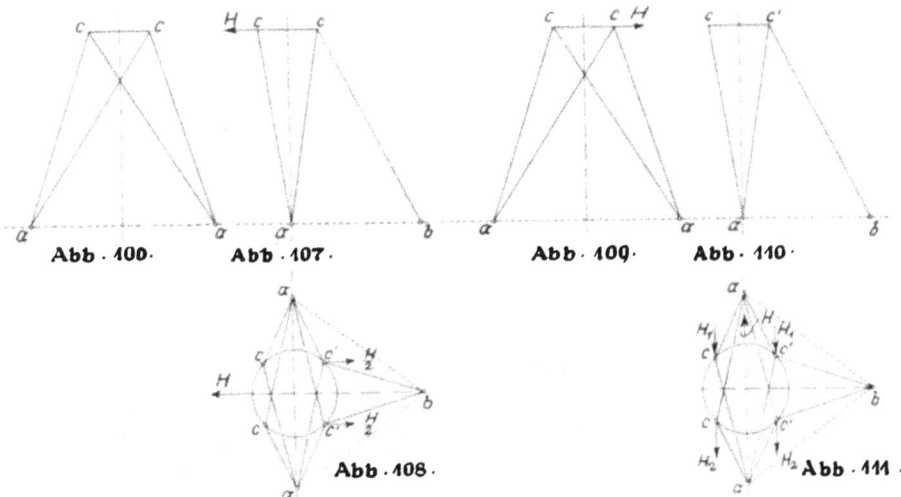

Abb. 106.   Abb. 107.   Abb. 109.   Abb. 110.

Abb. 108.   Abb. 111.

Beim ersten Belastungsfall wird der Schub von den beiden Ecken
c' des Gerüstes aufgenommen. Das tragende Raumsystem ist der
Teil $a - a - b - c' - c'$. Der andere Teil $a - a - c - c$ bleibt
spannungslos. Wir erhalten den in der Abb. 112 veranschaulichten
Belastungszustand des Ringes; an Stelle von H werden die Kräfte P
eingeführt. Es ist zu beachten, daß die Punkte $c - c$ des Gerüstes
sich gegenseitig weder entfernen noch nähern können. Dasselbe gilt
für die Punkte $c' - c'$. Man kann sich daher zwischen diesen Stellen
Stäbe eingesetzt denken, die einen Widerstand gegen den Ring ausüben. Die Widerstände wurden in der Abb. 112 mit V_0' und V_0''
bezeichnet. Sie entlasten den Ring und beanspruchen das Gerüst

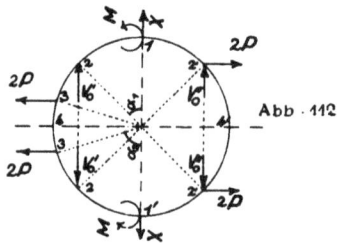

Abb · 112 ·

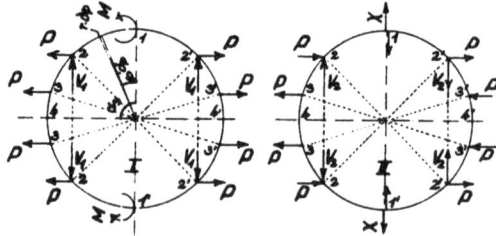

Abb · 113 ·   Abb · 114 ·

in den Punkten $c - c$ und $c' - c'$ auf Zusammendrücken. Bevor also
in die Berechnung des Gerüstes geschritten wird, muß zunächst der
Ring untersucht d. h. festgestellt werden, wie groß die Reaktionen
V_0' und V_0'' sind. Bedenkt man, daß die Gerüstpunkte, die hier in
Frage stehen, elastisch nachgeben, so ergibt sich, daß die Ringberechnung streng genommen eine außerordentlich mühevolle Aufgabe
darstellt. Wir können jedoch den Fall um ein Beträchtliches verein-
fachen, wenn wir die Elastizität des Gerüstes, die sehr gering ist,
gegenüber der Elastizität des Ringes, vernachlässigen und annehmen,
daß die fraglichen Punkte vollkommen fest zueinander liegen. Aber
auch dann noch ist die Ringberechnung, wenn man den üblichen Weg
benutzt, praktisch kaum durchführbar. Wie die Abb. 112 erkennen

läßt, kommt die Ermittlung von vier statisch unbestimmten Größen in Frage. Es sind dies, wenn man den Querschnitt 1 betrachtet, ein Moment M und eine Querkraft X und ferner die beiden oben genannten Reaktionen $V_0{}'$ und $V_0{}''$ zwischen den Stützpunkten $c - c$ und $c' - c'$.

Zu einer ungemein einfachen und bequemen Lösung der Aufgabe führt das Verfahren der Belastungsumordnung. Wir errichten die beiden Teilbelastungen I und II, Abb. 113 und 114, die zusammen wieder die Grundbelastung Abb. 112 ergeben. Bei der Teilbelastung I hat man als Unbekannte nur ein Moment M und den Widerstand V_1 zwischen den Eckpunkten 2 bzw. 2'. Bei der Teilbelastung II entstehen nur eine Querkraft X im Querschnitt bei 1 und der Widerstand V_2 ebenfalls zwischen den genannten Endpunkten. Der Erfolg des Verfahrens ist also der, daß die vier statisch unbestimmten Größen paarweise unabhängig voneinander geworden sind. Die Rechnung zerfällt jetzt in zwei Einzelexempel mit je zwei Unbekannten. Eine weitere große Vereinfachung besteht darin, daß die Ermittlungen sich immer nur über ein einziges Ringviertel erstrecken. Die Lösung der Einzelaufgaben erfolgt:

Teilbelastung I nach

$$\int \frac{M_q}{J \cdot E} \cdot \frac{\partial M_q}{\partial M} \cdot ds = 0 \quad \text{und} \quad \int \frac{M_q}{J \cdot E} \cdot \frac{\partial M_\varphi}{\partial V_1} \cdot ds = 0$$

Teilbelastung II nach

$$\int \frac{M_q}{J \cdot E} \cdot \frac{\partial M_\varphi}{\partial X} \cdot ds = 0 \quad \text{und} \quad \int \frac{M_\varphi}{J \cdot E} \cdot \frac{\partial M_q}{\partial V_2} \cdot ds = 0.$$

Der verschwindend geringe Einfluß der Formveränderung infolge der Normal- und Querkräfte auf die statisch unbekannten Größen darf vernachlässigt werden.

Nach Berechnung der Werte V_1 und V_2 beträgt der tatsächliche Widerstand zwischen den Eckpunkten $e - e$ bzw. $e' - e'$

$$V_0{}' = V_1 + V_2 \quad \text{und} \quad V_0{}'' = V_1 - V_2.$$

Die Rechnung liefert auch die Größen M und X. Man stellt zunächst die Momente aus den einzelnen Teilbelastungen auf und wirft die Ergebnisse nachher zusammen. Dasselbe gilt für die Normal- und Querkräfte.

Beim zweiten Belastungszustand wird der Schub von allen vier Ecken des Gerüstes aufgenommen. Die Anteile je zwei nebeneinander liegender Punkte sind einander gleich. Wir bezeichnen nach Abb. 111 die Größen mit H_1 und H_2; sie sind statisch unbestimmbar. In der

Abb. 115 ist der Fall noch einmal herausgezeichnet. An Stelle von
H wurden die Kräfte P gesetzt. Als statisch unbekannte Größen
erscheinen im ganzen drei, nämlich an den Stellen 1 ein Moment M
und eine Querkraft X und ferner die Anspannung V in dem gedachten Stabe zwischen den Fußpunkten e und e'. Die Lösung
der Aufgabe nach dem gewöhnlichen Verfahren ist auch hier außerordentlich mühevoll und kann praktisch kaum in Angriff genommen
werden.

Wir wenden wieder das Verfahren der Belastungsumordnung
an und erzielen eine ganz bedeutende Vereinfachung. In den Abb. 116

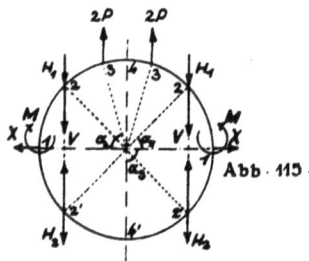

Abb. 115.

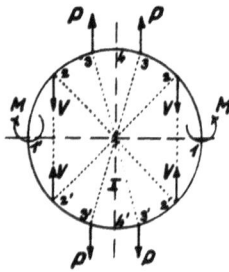

Abb. 116.

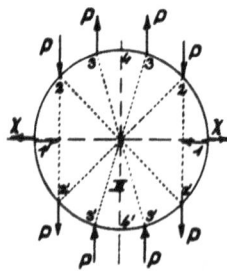

Abb. 117.

und 117 sind die beiden Teilbelastungen, die wir der Berechnung zugrunde legen, zur Darstellung gebracht. Sie ergeben zusammen wieder
die Grundbelastung Abb. 115. Bei der Teilbelastung I treten nur ein
Moment bei 1 und eine Anspannung V zwischen den Eckpunkten auf.
Bei der Teilbelastung II erscheint nur eine Querkraft X an der Stelle
bei 1. Das Verfahren hat also den Erfolg, daß zwei der statisch unbestimmten Größen unabhängig von der dritten werden. Ferner hat
man den weiteren großen Vorteil, daß wegen der Symmetrie der Belastungen die Ermittlungen immer nur über ein einziges Ringviertel erstreckt zu werden brauchen. Die Lösung der Einzelaufgaben
erfolgt

Teilbelastung I nach

$$\int \frac{M_\varphi}{J \cdot E} \cdot \frac{\partial M_\varphi}{\partial M} \cdot ds = 0 \text{ und } \int \frac{M_\varphi}{J \cdot E} \cdot \frac{\partial M_\varphi}{\partial V} \cdot ds = 0.$$

Teilbelastung II nach

$$\int \frac{M_\varphi}{J \cdot E} \cdot \frac{\partial M_\varphi}{\partial X} \cdot ds = 0.$$

Nach Berechnung der Anspannung V betragen die Schubanteile an den Gerüstecken

$$H_1 = P + V \text{ und } H_2 = P - V.$$

Bei Aufstellung der Momente des Ringes geht man wieder von den Teilbelastungen aus und setzt die Ergebnisse nachher zusammen. Dasselbe gilt für die Normal- und Querkräfte. Es ist darauf zu achten, daß bei der Teilbelastung I in dem Querschnitt bei 1 außer dem Moment noch die Normalkräfte P und V im entgegengesetzten Sinne als die Außenkräfte wirken.

Bei der vorliegenden Belastung kommt als tragend der Gerüstteil $a - a - c - c - c' - c'$ in Betracht. Das Dreieck $b - c' - c'$ bleibt spannungslos.

Nach Erledigung der Ringberechnung, wenn also jeweils die Verteilung und die Wirkung der Schübe auf die vier Ecken als bekannt

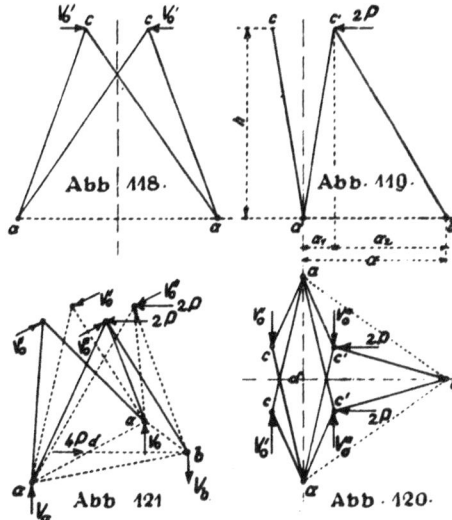

Abb. 118.

Abb. 119.

Abb. 121

Abb. 120.

vorausgesetzt werden dürfen, kann die Untersuchung des Gerüstes erfolgen.

In den Abb. 118, 119 und 120 wurde der erste Belastungszustand noch einmal deutlich vor Augen geführt. Es sei darauf hingewiesen, daß die drei Fußpunkte des Gerüstes durch gerade Stäbe miteinander verbunden sind. Ebenso besteht eine Verbindung zwischen dem Fußpunkt der Drehsäule und dem Fußpunkt b der rückwärtigen Strebe. Das Gerüst stellt daher ein in sich geschlossenes Raumsystem dar, an dessen Füßen nur senkrechte Auflagerdrücke zustande kommen. Die beiden entgegengesetzt gerichteten Schübe am Ring und am Fuß der Drehsäule kommen innerhalb des Gerüstes selbst zum Gleichgewicht. In senkrechter Richtung stützt sich die Drehsäule vollständig auf den Boden und gibt an diesem seinen Druck ab. Im übrigen sind alle Fußdrucke des Dreibeines entgegengesetzt gerichtet und heben sich einander auf. In der Raumskizze Abb. 121 ist die Wirkungsweise des Stabgebildes anschaulich zur Darstellung gebracht. Insbesondere sind diejenigen Stäbe, die jeweilig die an den Ecken angreifenden Kräfte aufzunehmen haben, durch Linien verschiedener Art hervorgehoben. Die Ermittlung der Stabkräfte bietet nichts Besonderes. Es handelt sich immer nur um die Zerlegung einer Kraft nach zwei Stabrichtungen in der Ebene, oder nach drei Stabrichtungen im Raum. Die senkrechten Fußdrücke betragen

$$V_a = 4\,P \cdot \frac{h}{a} \cdot \frac{1}{2} = 2\,P \cdot \frac{h}{a} = \frac{H}{2} \cdot \frac{h}{a}$$

$$V_b \qquad = -\,4\,P \cdot \frac{h}{a} = -\,H \cdot \frac{h}{a}.$$

Schließlich wurde in den Abb. 122, 123 und 124 der zweite Belastungszustand des Gerüstes noch einmal wiedergegeben. Ein an-

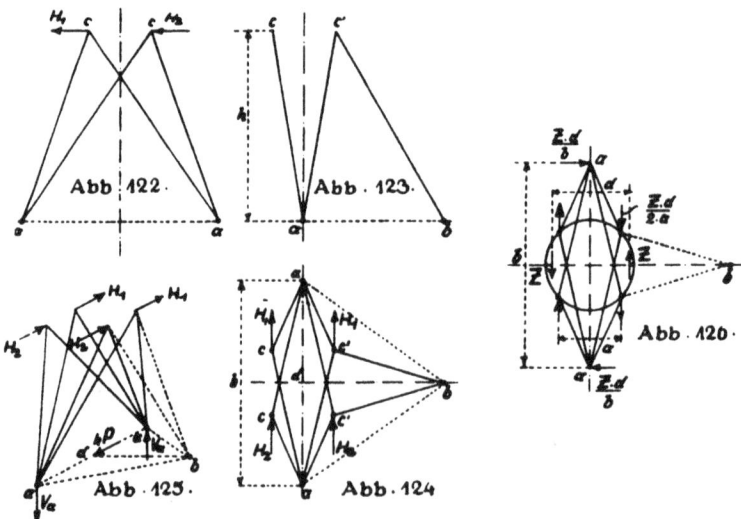

Abb. 122. Abb. 123. Abb. 126.

Abb. 125. Abb. 124.

schauliches Bild über die Sachlage liefert die Raumskizze Abb. 125. Die Schübe werden jedesmal von zwei zugehörigen Stäben in einfachster Weise aufgenommen. Die senkrechten Fußdrücke betragen

$$V_a = \pm\,4 \cdot P \cdot \frac{h}{b} = \pm\,2\,(H_1 + H_2) \cdot \frac{h}{b}.$$

Außer den beiden vorstehend besprochenen Hauptbelastungen muß das Gerüst noch für Richtung des Schubes über Eck untersucht werden. Man zerlegt die Kraft einfach in zwei Komponenten nach den Querrichtungen, behandelt die Fälle getrennt nach obigen Beispielen und setzt die Ergebnisse nachher zusammen. Eine besondere Studie bildet hierbei die Berechnung des Ringes. Man darf diesen Fall jedoch umgehen, da der Ring im großen und ganzen wohl bei den Hauptbelastungen am stärksten in Anspruch genommen werden dürfte. Anders verhält es sich mit dem Gerüst; es ist möglich, daß einzelne Stäbe bei der vorliegenden Belastung größere Spannkräfte erleiden, als wenn der Ausleger in Querrichtung steht. Es darf schließlich nicht übersehen werden, daß der Ausleger sich vollständig im Kreise dreht, so daß alle gefundenen Spannkräfte und Fußdrücke ihre Richtung umkehren.

Endlich kann das Gerüst noch in Anspruch genommen werden durch den Zahndruck, der entsteht beim Drehen des Auslegers oder bei Winddruck. Zugleich wirkt dann die Gegenrolle, die ebenfalls eine Kraft auf das Gerüst ausübt. Die letztere Inanspruchnahme ist mit den vorhergehenden Beispielen geklärt. Zu untersuchen wäre noch die Wirkung des Zahndruckes. Wir nehmen einen doppelten sich quer gegenüberliegenden Antrieb an und erhalten beispielsweise den Belastungszustand Abb. 126. Die Übertragung der Kräfte fällt dem Gerüstteil $a - a - c - c - c' - c'$ zu. Es entstehen in den Endpunkten am Ring zwei parallele Kräftepaare in Richtung der Gerüstachse. Die Kräfte ermitteln sich nach

$$Z \cdot d = 2 \cdot H_0 \cdot a$$

zu

$$H_0 = \frac{Z \cdot d}{2 \cdot a}.$$

Die zugleich auftretenden Querschübe an den Füßen sind

$$H_u = \frac{Z \cdot d}{b}.$$

Weitere Reaktionen kommen daselbst nicht zustande. Auf Grund der so gefundenen Belastung können mit leichter Mühe die Stabkräfte des Systems ermittelt werden.

Hinsichtlich der Berechnung des Ringes möge bemerkt werden, daß ein ähnlicher Fall beim vorhergehenden Beispiel dargelegt wurde. Die Abb. 127 zeigt noch einmal den Ring unter der Wirkung der Belastung durch Z. Der Fall ist wegen der besonderen Symmetrie der angreifenden Kräfte statisch bestimmbar. Vgl. die Abb. 128. Die Querkraft im durchschnitten gedachten Querschnitt bei 1 ergibt sich aus der Bedingung, daß die Summe aller Vertikalkräfte gleich Null sein muß. Die Momente betragen

$$M_2 = \frac{Z \cdot d}{2a}\left(1 - \frac{a}{d}\right)\frac{a}{2} = \frac{Z \cdot d}{4}\left(1 - \frac{a}{d}\right)$$

$$M_4 = -\frac{Z}{2}\left(r - \frac{d}{2}\right).$$

Im Falle die Zahnantriebe in der anderen Querrichtung angeordnet sind, erhalten wir den in der Abb. 129 wiedergegebenen Be-

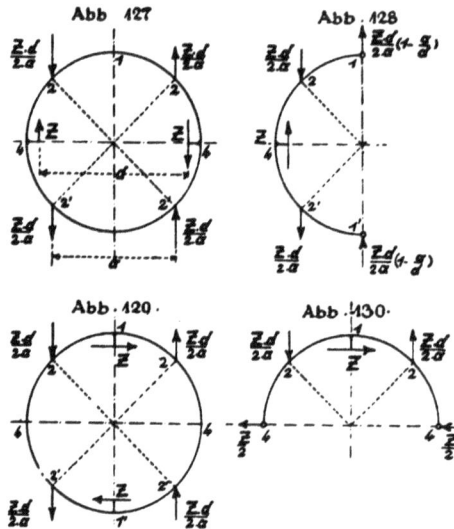

lastungszustand des Ringes. Auch dieser Fall ist aus Symmetriegründen statisch bestimmbar. Vergleiche die Abb. 130. Die Querkraft im Querschnitt bei 4 ist $\frac{Z}{2}$. Die Momente ergeben sich zu

$$M_2 = \frac{Z}{2} \cdot \frac{a}{2}.$$

$$M_1 = \frac{Z}{2}\left(r - \frac{d}{2}\right).$$

Hier wie beim ersten Belastungsfall wechseln die Momente ihren Richtungssinn in jedem Ringviertel.

Beispiel 13. Derselbe Kran wie vorher, nur mit einem dreibeinigen festen Stützgerüst symmetrischer Art nach Abbildung 131.

Der Ring wird durch die drei Spitzen a, b und c des Gerüstes gestützt. Für die Berechnung der Konstruktion kommen zwei Schubrichtungen in Betracht: einmal $o - d$ und ein andermal $o - a$. Jeder der drei Stützpunkte hat einen bestimmten Anteil an dem Schube H. Die Verteilung ist abhängig von dem statischen bzw. elastischen Verhalten des Ringes und des Stützgerüstes. Die Ela-

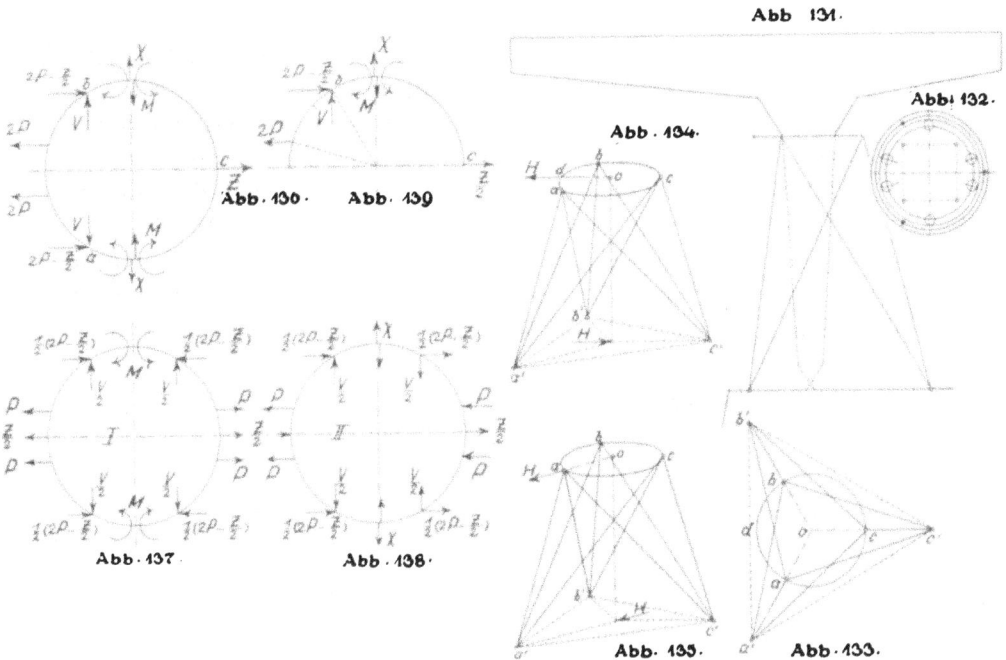

Abb. 131.

Abb. 132.

Abb. 134.

Abb. 130.   Abb. 139.

Abb. 137.   Abb. 138.

Abb. 135.   Abb. 133.

stizität des letzteren spielt gegenüber der Elastizität des Ringes eine untergeordnete Rolle, so daß vorausgesetzt werden darf, daß die Stützpunkte a, b und c festliegen. Vernachlässigt wird also die bei den statischen Vorgängen mitspielende geringe Formänderung des Gerüstes.

Schub in Richtung o—d.

Der Belastungszustand des Ringes wurde in der Abb. 136 wiedergegeben. An Stelle von H seien die Kräfte P eingeführt. Als statisch unbestimmbar kann man den Schubanteil Z des Punktes c ansetzen.

Dann betragen die beiden gleichen Schubanteile der Punkte *a* und *b*

$$2\,P - \frac{Z}{2}.$$

Die Untersuchung ergibt später, ob die angenommene Richtung von *Z* zutreffend war; wahrscheinlich ist *Z* umgekehrt gerichtet, so daß in den Punkten *a* und *b* angreifen $2\,P + \dfrac{Z}{2}$.

Ferner erscheint zwischen den Festpunkten *a* und *b* die statisch unbestimmbare Reaktion *V*. Schließlich haben wir noch an dem Ring die beiden innerlich statisch unbestimmten Größen *M* und eine Querkraft *X*. Die Aufgabe wäre somit vierfach statisch unbestimmt.

Eine Berechnung nach dem üblichen Verfahren kommt wegen des ungeheuren Umfanges praktisch nicht in Betracht. Einen Weg zur Lösung bietet wieder das Verfahren der Belastungsumordnung. Wir lösen die Grundbelastung in die beiden Teilbelastungen I und II auf. Abb. 137 und 138. Bei der Teilbelastung I erscheint die innerlich statisch unbestimmte Größe *M*, bei der Teilbelastung II haben wir als innerlich statisch unbestimmten Wert *X*. Beide Größen sind infolge der Belastungsumordnung unabhängig voneinander geworden. Ihre Berechnung erfolgt jedesmal selbständig für sich und zwar das Moment

bei der Teilbelastung I nach

$$\int \frac{M_\varphi}{J \cdot E} \cdot \frac{\partial M_\varphi}{\partial M} \cdot ds = 0,$$

die Querkraft

bei Teilbelastung II nach

$$\int \frac{M_\varphi}{J \cdot E} \cdot \frac{\partial M_\varphi}{\partial X} \cdot ds = 0.$$

Die Ermittlungen erstrecken sich vorteilhafterweise immer nur über ein einziges Ringviertel. Die bei den Teilbelastungen eingeführten äußeren unbestimmten Kräfte $\dfrac{Z}{2}$ und $\dfrac{V}{2}$ werden vorläufig als gegeben betrachtet, so daß die berechneten Größen *M* und *X* als Funktionen von *Z* und *V* auftreten. Hiernach greift man wieder auf die Grundbelastung Abb. 136 zurück und ermittelt bei Betrachtung dieses Belastungszustandes die Größen *Z* und *V*. Die Berechnung, die nunmehr eine zweifach unbestimmte ist, erfolgt nach

$$\int \frac{M_\varphi}{J \cdot E} \cdot \frac{\partial M_\varphi}{\partial Z} \cdot ds = 0 \quad \text{und} \quad \int \frac{M_\varphi}{J \cdot E} \cdot \frac{\partial M_\varphi}{\partial V} \cdot ds = 0.$$

Die Integrationen erstrecken sich über eine ganze Ringhälfte. Zwecks Vereinfachung der Herleitung empfiehlt sich die Einführung der Zahlenwerte bei einer gegebenen Aufgabe. In der Abb. 139 wurde eine Ringhälfte mit den in Betracht kommenden Kräften herausgezeichnet.

Schub in Richtung o—a.

Die Abb. 140 veranschaulicht den Belastungszustand des Ringes. Wir setzen jetzt als statisch unbestimmbar den Schubanteil Z des Punktes a an. Dann verbleiben für die Punkte b und c die Schubanteile

$$2P - \frac{Z}{2}.$$

Außerdem erscheint als Unbekannte die Reaktion V zwischen den Punkten b und c. Schließlich sind noch vorhanden die innerlich statisch unbestimmbaren Größen, ein Moment M und eine Querkraft X. Die Aufgabe wäre somit wieder vierfach statisch unbestimmt und könnte nach dem üblichen Verfahren nur unter Aufwendung ungeheurer Mühe gelöst werden.

Wir benutzen daher wieder das Verfahren der Belastungsumordnung. Die entsprechenden Teilbelastungen sind in den Abb. 141 und 142 vor Augen geführt. Im übrigen bedarf es keiner weiteren Erläuterungen, da dieser Fall ein ganz ähnlicher ist wie der vorhergehende.

Die Berechnung des Ringes liefert schließlich für die beiden Hauptrichtungen des Auslegers die Schubanteile der drei Gerüstpunkte und die zugleich wirksamen Kräfte V, die jeweils zwei der Punkte auf Zusammenziehen beanspruchen. Es besteht keine Schwierigkeit, mit Hilfe einfacher Kräftepläne die aus den Spitzenbelastungen folgenden Spannungen der einzelnen Gerüststäbe zu ermitteln. Es handelt sich immer nur um die Zerlegung einer Kraft nach drei Stabrichtungen im Raume. Das tragende System beispielsweise einer Kraft im Punkte a ist das Stabgebilde a—a'—b'—c'. Die Gerüstfüße sind durch Stäbe miteinander verbunden. Ferner besteht eine Stabverbindung vom Fußpunkt der Drehsäule nach den Fußpunkten des Gerüstes. Hieraus folgt, daß an dem Gerüst nur senkrecht gerichtete Fußlagerkräfte zustande kommen, daß also der obere und untere Schub im Gerüst selbst zum Gleichgewicht kommen. Der senkrechte Druck der Drehsäule wird unmittelbar vom Boden aufgenommen. Die senkrechten Drücke der drei Gerüstfüße sind entgegengesetzt gerichtet und heben sich einander auf.

Die Aufgaben werden wesentlich einfacher, wenn man sich die
Überlegung zunutze macht, daß beim ersten Belastungsfall der Punkt c
und beim zweiten Belastungsfall die Punkte b und c sich nur wenig
an der Aufnahme des Schubes beteiligen. Man setzt also näherungsweise beim ersten Zustand $Z = 0$ und beim zweiten Zustand $Z = 4\,P$
womit jedesmal eine äußere statisch unbestimmte Größe in Wegfall
kommt. Im übrigen erfolgt dann die Berechnung wie früher unter
Zugrundelegung der in den Abb. 137, 138 und 141, 142 dargestellten
Teilbelastungen.

Mit den Hauptschüben H kann zugleich bei Wind, Massenbewegung oder Schrägzug der Last ein Seitenschub der Gegenrolle und

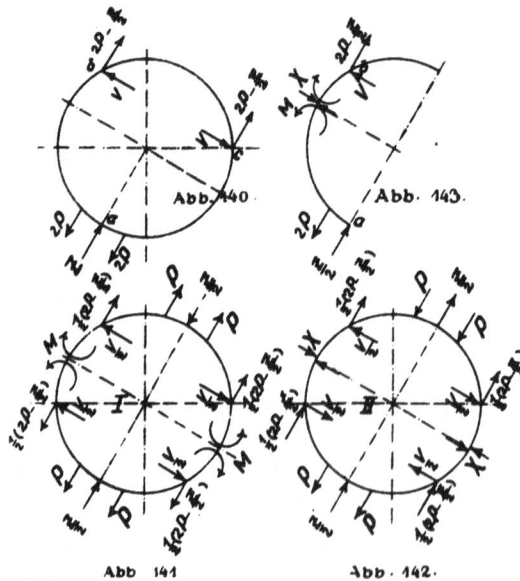

Abb. 140. Abb. 143.

Abb 141 Abb. 142.

damit zusammen der Zahndruck des Drehwerks auftreten. Die Wirkung des Seitendruckes der Gegenrolle ist mit den obigen Darlegungen
klargestellt. Zu untersuchen wäre noch der Einfluß des Zahndruckes.
Es sei wieder ein doppelter Antrieb angenommen. Abgesehen von
minderwichtigen Zwischenstellungen kommt hier nur ein Haupt-
belastungsfall in Betrachtung. Siehe Abb. 144. Das Drehmoment aus
den Zahndrucken wird zu gleichen Teilen von den drei Stützpunkten
a, b und c aufgenommen. Die dort zustande kommenden Widerstände
Y sind tangential zum Ring gerichtet. Es muß sein

$$3 \cdot Y \cdot r = Z \cdot d.$$

Hiernach

$$Y = \frac{Z \cdot d}{3 \cdot r}.$$

In der Abb. 147 sind die Seitenkräfte von Y nach senkrechter und wagerechter Richtung angegeben.

Die Berechnung des Ringes gestaltet sich wieder ungemein einfach, wenn man sie nach dem Verfahren der Belastungsumordnung durchführt. Wir stellen die beiden Teilbelastungen I und II auf.

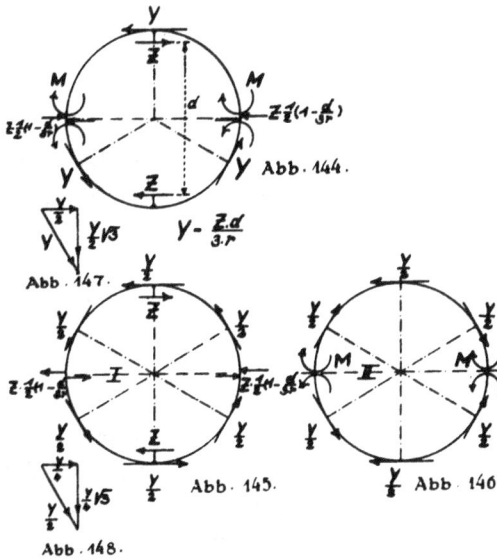

Abb. 144.

Abb. 147.

Abb. 145.

Abb. 146.

Abb. 148.

Abb. 145 und 146. Der Belastungszustand I ist statisch bestimmbar. Es erscheint an den in der Abbildung bezeichneten Stellen eine Querkraft

$$Z \cdot \frac{1}{2}\left(1 - \frac{d}{3 \cdot r}\right),$$

die sich aus der Bedingung ergibt, daß die Summe der wagerechten Kräfte gleich Null sein muß. Weitere Kräfte kommen in den Querschnitten nicht zustande.

Der Belastungszustand II ist einfach statisch unbestimmt. Wir haben an den fraglichen Stellen ein Moment M. Seine Berechnung erfolgt nach

$$\int \frac{M_\varphi}{J \cdot E} \cdot \frac{\partial M_\varphi}{\partial M} \cdot ds = 0.$$

6*

Die Integrationen erstrecken sich nur über ein einziges Ringviertel.

Bei Aufstellung der Momente geht man zweckmäßig von den Teilbelastungen aus und wirft die Ergebnisse nachher zusammen.

Die tangentialen Kräfte Y belasten das Stützgerüst, indem sie
jeweilig drei Stäbe, z. B. $a - a' - b' - c'$, in Anspruch nehmen.
Die Stabkräfte lassen sich leicht durch Zerlegung des Schubes nach
drei Richtungen im Raume finden. Die tangential gerichteten Reaktionen an den Füßen des Gerüstes betragen, wenn R den Radius
($o - a'$, Abb. 133) bezeichnet,

$$\frac{Z \cdot d}{3 \cdot R}.$$

Beispiel 14. Ein feststehender drehbarer (sogenannter)
Hammerwippkran mit einziehbarem Ausleger von 150 t
Tragkraft in größter und 220 t Tragkraft in geringster
Ausladung nach Abbildung 149.

Ein Unterschied gegenüber den vorhergehenden Kranen besteht
nur darin, daß die Veränderung der Ausladung der Last statt durch
Verfahren der Katze durch Einziehen bzw. Nachlassen des Auslegers
herbeigeführt wird. Die grundsätzliche Berechnung eines einziehbaren Auslegers mit rückwärtigem Gegengewicht wurde unter Beispiel 4 vorgeführt. Im übrigen kommt es hier wieder hauptsächlich
auf den Schub H am Ring des festen Gerüstes an. Es soll zur Bedingung gemacht werden, daß der Schub nach links bei ganz ausgeladenem Ausleger und angehängter Last von $P_1 = 150$ t ebenso
groß ist wie der Schub nach rechts bei ganz eingezogenem leeren Ausleger. Es bezeichnen P_1 die Nutzlast von 150 t an der Auslegerspitze,
G_1 das Gewicht des Auslegers, G_2 das Gewicht der Drehsäule einschl.
festem Kragarm, Q das Gewicht des Ballastes. Die allen Lasten zugehörigen Hebelarme in bezug auf die Mitte der Drehsäule sind in
den Abb. 149 und 150 angegeben.

Man kann für die beiden Belastungszustände folgende Gleichgewichtsbedingungen anschreiben:

Schub nach links $\quad H \cdot h = P_1 \cdot a_1 + G_1 \cdot b_1 - G_2 \cdot b_2 - Q \cdot m$
Schub nach rechts $\quad H \cdot h = G_2 \cdot b_2 + Q \cdot m - G_1 \cdot b_1'.$

Wir setzen beide Beziehungen einander gleich

$$P_1 \cdot a_1 + G_1 \cdot b_1 - G_2 \cdot b_2 - Q \cdot m = G_2 \cdot b_2 + Q \cdot m - G_1 \cdot b_1'.$$

Hieraus folgt die Größe des Gegengewichtes

$$Q = \frac{P_1 \cdot a_1 + G_1 \cdot b_1 + G_1 \cdot b_1' - 2 \cdot G_2 \cdot b_2}{2 \cdot m}$$

Es mögen einmal folgende Zahlen eingeführt werden:

$G_1 = 120$ t, $G_2 = 150$ t, $a_1 = 33,5$ m, $b_1 = 14,5$ m, $b_1' = 8,7$ m,
$b_2 = 1,5$ m, $m = 12$ m, $h = 25,5$ m.

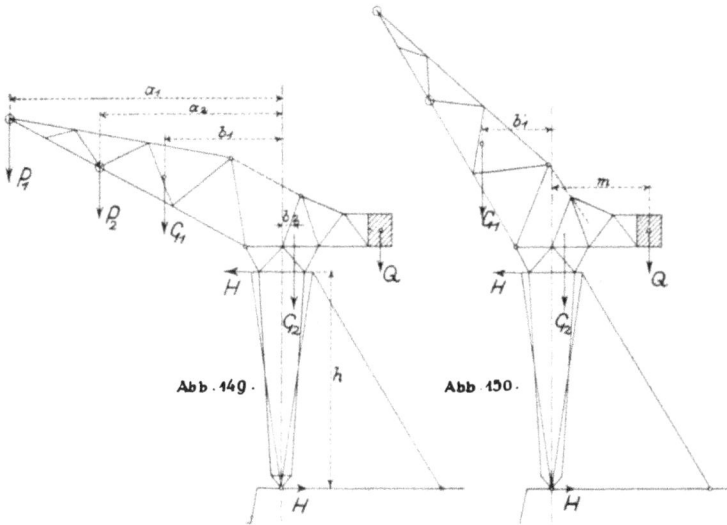

Abb. 149.   Abb. 150.

Es ergibt sich

$$Q = \frac{150 \cdot 33,5 + 120 \cdot 14,5 + 120 \cdot 8,7 - 2 \cdot 150 \cdot 1,5}{2 \cdot 12}$$

oder

$$Q = 306,6 \text{ t}.$$

Setzt man diesen Wert in eine der beiden obigen Gleichgewichtsbedingungen ein, beispielsweise in die zweite, dann erhält man einen Schub von

$$H = \frac{150 \cdot 1,5 + 306,6 \cdot 12 - 120 \cdot 8,7}{25,5} = 112,2 \text{ t}.$$

Der Ausleger besitzt an einer anderen Stelle in einer Ausladung von $a_2 = 22,5$ m eine zweite Flasche von größerer Tragfähigkeit P_2. Es ist zu ermitteln, welche Last hier angehängt werden kann, unter der Bedingung, daß der Schub $H = 112,2$ t nicht überschritten wird. Die Gleichgewichtsbedingung lautet

$$H \cdot h = P_2 \cdot a_2 + G_1 \cdot b_1 - G_2 \cdot b_2 - Q \cdot m.$$

Hieraus

$$P_2 = \frac{H \cdot h + G_2 \cdot b_2 + Q \cdot m - G_1 \cdot b_1}{a_2}$$

Die Zahlen liefern

$$P_2 = \frac{112,2 \cdot 25,5 + 150 \cdot 1,5 + 306,6 \cdot 12 - 120 \cdot 14,5}{22,5}$$

oder

$$P_2 = \backsim 223 \text{ t}.$$

Die Last P_1 oder auch P_2 kann natürlich auch bei ganz eingezogenem Ausleger und in allen Zwischenstellungen angehängt sein. Dies ist bei der statischen Untersuchung des drehbaren Teiles im Auge zu behalten. Das feste Gerüst wird in der Hauptsache durch den Schub H in Anspruch genommen. Alles übrige wurde in den vorhergehenden Beispielen ausführlich zur Sprache gebracht.

Beispiel 15. Ein feststehender drehbarer Hammerkran von 200 bzw. 250 t Tragfähigkeit nach Abbildung 151.

Die Stützung des Kranes stellt gewissermaßen das Gegenstück zu der Anordnung der vorhergehenden Beispiele dar. Die Kranbrücke hat wieder einen stielartigen Ansatz, aber dieser ist hohl und stülpt sich wie eine Haube über eine feste, pyramidenförmige Säule. Auf dem Kopf derselben, in einem Kugellager, stützt sich dann der vorgenannte drehbare Teil mit allen seinen Lasten. Das Kugellager hat außerdem einen wagerechten Schub aufzunehmen, der bei einseitiger Belastung des Kranes zutage tritt. Der Gegenschub dazu — es handelt sich wieder um ein Kräftepaar — liegt am Fuß der Haube, wo er in der bekannten Weise durch einen Ring vermittelst Druckrollen auf eine feste Kreisscheibe der Säule abgegeben wird. Näheres über die Sachlage an dieser Stelle läßt die Abb. 153 erkennen. Man bemerke auch die beiden Gegenrollen, die in Wirkung treten, wenn der Kran durch quergerichtete Kräfte, wie Wind, Massenbewegung, Schrägzug der Last, in Anspruch genommen wird. Der Drehantrieb befindet sich auf der festen Säulenscheibe. Es sind gewöhnlich zwei, sich quer gegenüberliegende, angeordnet. Die Bewegung erfolgt durch ein Zahnrad, das in einen Zahnkranz, mit dem der Ring innenseitig gesäumt ist, eingreift. In der Abb. 154 ist die Stützung des Kranes auf dem Kopf der Säule veranschaulicht. Vergleiche auch die Abb. 151 und 152. Einen Hauptbestandteil der Lagerung bildet der senkrecht sitzende König, der in einen Trägerkasten eingebaut ist. Er überträgt zunächst den Vertikaldruck auf das Spurlager. Dann läßt sich

erkennen, in welcher Weise er den Schub in die Konstruktion über-
leitet. Er ist nämlich etwas oberhalb des Lagers sowie am Ende oben
in wagerechter Richtung gegen die Gurte des Trägerkastens gestützt,
so daß der Außenschub H an diesen Stellen Reaktionen abgibt, die
in der Abb. 158 angedeutet und mit H_u und H_0 bezeichnet sind.
Die Übertragung der Kräfte in die Konstruktion läßt sich aus den
Abb. 151, 152 und 153 leicht ersehen.

Die Katze auf dem großen Ausleger besitzt eine Tragkraft von
200 t in äußerster Ausladung. Es soll später ermittelt werden, in

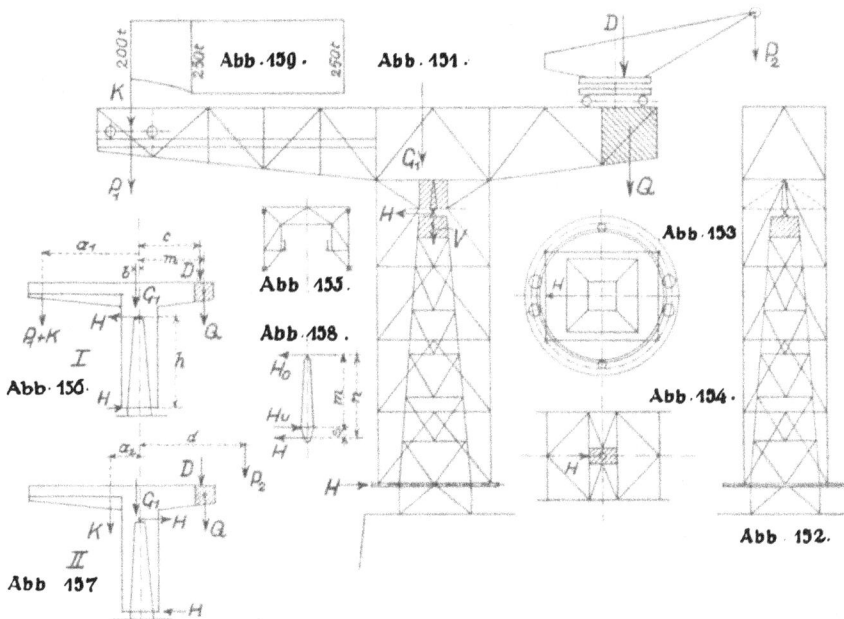

welcher Entfernung von Mitte Kran sie eine Last von 250 t aufnehmen
kann. Außerdem ist das Bauwerk mit einem Drehkran von 20 t
Tragkraft ausgerüstet, der über die ganze Kranbrücke verfahren
werden kann. Zum Zweck des Ausgleichs der Kippmomente sei am
Ende des rückwärtigen Auslegers ein Gegengewicht angeordnet.
In der Abb. 155 ist ein Querschnitt durch den großen Ausleger vor
Augen geführt. Die Katze besitzt selbständige Laufbahnen, die durch
Rahmenkonstruktionen zwischen den Hauptträgerwänden gestützt
werden. Der Drehkran läuft auf den Obergurten der Brücke. Seiten-
kräfte infolge Wind, Massenbewegung und Schrägzug der Last werden
durch einen regelrechten Verband in der Obergurtebene aufgenommen.

Liegen die Seitenkräfte unterhalb des Verbandes, wenn sie z. B. von der Katze ausgehen, dann entstehen zugleich senkrechte Kräftepaare, die die Hauptwände zusätzlich in Anspruch nehmen. Die Katzenlaufbahn stellt einen durchgehenden Balken auf sechs Stützen dar.

Wie bei den vorhergehenden Beispielen wird der Berechnung die Bedingung zugrunde gelegt, daß der Schub an der Kalotte und am Haubenfuß, wenn der Kran nach links maximal in Anspruch genommen wird, ebenso groß ist, wie wenn der Kran nach rechts maximal in Anspruch genommen wird. Die Gründe hierfür sind dieselben wie früher: Erzielung eines relativ geringsten Mittelwertes hinsichtlich der Inanspruchnahme der Säule, der Haube, des Ringes und der Maschinenteile. Die Betriebsvorschriften lauten: I. Bei belasteter Katze in größter Ausladung muß der Drehkran leer mit nach außen gerichtetem Ausleger in äußerster Stellung auf dem rückwärtigen Kragarm gehalten werden. II. Bei belastetem Drehkran in jeder Stellung auf der Kranbrücke muß die leere Katze völlig eingezogen sein. Die beiden Belastungszustände sind in den Abb. 156 und 157 angedeutet. Es bezeichnen P_1 die Nutzlast der Katze, P_2 die Nutzlast des Drehkranes, K das Gewicht der Katze, D das Gewicht des Drehkranes, G_1 das Gewicht des beweglichen Kranteiles und Q den Ballast. Die Hebelarme der Lasten sind in den Skizzen angegeben.

Belastungszustand I.

Es muß sein

$$H \cdot h = (P_1 + K) \cdot a_1 + G_1 \cdot b - D \cdot c - Q \cdot m.$$

Belastungszustand II.

Ebenso

$$H \cdot h = P_2 \cdot d + D \cdot c + Q \cdot m - G_1 \cdot b - K \cdot a_2.$$

Wir setzen beide Beziehungen einander gleich

$$(P_1 + K)\, a_1 + G_1 \cdot b - D \cdot c - Q \cdot m = P_2 \cdot d + D \cdot c + Q \cdot m$$
$$- G_1 \cdot b - K \cdot a_2.$$

Die Gleichung liefert

$$Q = \frac{(P_1 + K)\, a_1 + K \cdot a_2 - P_2 \cdot d + 2 \cdot G_1 \cdot b - 2 \cdot D \cdot c}{2 \cdot m}.$$

Der Berechnung mögen einmal folgende Zahlen dienen:

$$P_1 = 200\,\text{t}, \; P_2 = 20\,\text{t}, \; K = 6\,\text{t}, \; D = 25\,\text{t}, \; G_1 = 460\,\text{t}.$$
$$h = 28\,\text{m}, \; a_1 = 32\,\text{m}, \; a_2 = 9{,}5\,\text{m}, \; b = 1{,}1\,\text{m}, \; c = 20{,}5\,\text{m}, \; d = 35\,\text{m},$$
$$m = 21\,\text{m}.$$

Man erhält

$$Q = \frac{(200+6)\cdot 32 + 6\cdot 9{,}5 - 20\cdot 35 + 2\cdot 460\cdot 1{,}1 - 2\cdot 25\cdot 20{,}5}{2\cdot 21}$$

oder

$$Q = 141{,}3 \text{ t.}$$

Dies ist das Gewicht des erforderlichen Ballastes. Bei Einführung des Wertes in eine der beiden obigen Gleichgewichtsbedingungen, z. B. in die erste, ergibt sich

$$H\cdot h = 6592 + 506 - 513 - 2967$$

oder

$$H\cdot 28 = 3618.$$

Hiernach beträgt der Schub

$$H = \frac{3618}{28} = \sim 129{,}2 \text{ t.}$$

Die Katze soll in einer geringeren Ausladung eine Last von $P_1' = 250$ t tragen, unter der Voraussetzung, daß der Schub $H = 129{,}2$ t nicht überschritten wird. In Frage steht die zulässige Ausladung a_1'. Die Gleichgewichtsbedingung lautet nach oben

$$H\cdot h = (P_1' + K)\cdot a_1' + G_1\cdot b - D\cdot c - Q\cdot m$$

Hieraus

$$a_1' = \frac{H\cdot h - G_1\cdot b + D\cdot c + Q\cdot m}{P_1' + K}$$

Die Zahlen liefern

$$a_1' = \frac{129{,}2\cdot 28 - 460\cdot 1{,}1 + 25\cdot 20{,}5 + 141{,}3\cdot 21}{250 + 6}$$

oder

$$a_1' = 25{,}8 \text{ m.}$$

Eine höhere Belastung als 250 t wird nicht verlangt. In der Abb. 159 ist das Belastungsschema des Kranes dargestellt.

Zu der Belastung bei Kran im Betrieb ist noch ein schwacher Winddruck von etwa 20 bis 30 kg für den m² getroffene Konstruktionsfläche mit einzuführen. Der Einfluß ist nicht sehr erheblich. Die Mittelkraft des Windes liegt etwa in Höhe des Königs. Liegt sie höher oder tiefer, so bewirkt sie auch eine Reaktion am Fuß der Haube. Im wesentlichen nimmt der Wind nur die feste Drehsäule in Anspruch.

Die Wirkung des Windes ist von größerem Belang bei Kran außer Betrieb, wo er mit voller Stärke, einmal von links nach rechts und einmal von rechts nach links, eingeführt werden muß. Besonders erleidet die feste Drehsäule durch ihn erhebliche Spannungen. Selbstverständlich muß auch Wind in Querrichtung in Ansatz gebracht werden. Die Mittelkraft liegt dann außerhalb der Drehsäule und sucht den Kran zu drehen. Dementgegen wirken die Zahndrücke des Antriebwerkes. Zugleich erscheinen Reaktionen am König und am Fuß der Haube; die letztere wird durch die Gegenrolle vom Ring auf die Kreisscheibe der Säule übertragen.

Unter Beispiel 10 und 11 wurden nähere Ausführungen über die Spannungsermittlung ähnlicher Krankonstruktionen gemacht. Es kommen wieder nur einfache Cremonapläne und speziell bei den Füllstäben der Ausleger Einflußlinien zur Anwendung. Der drehbare Teil wird getrennt vom festen Gerüst untersucht. Man geht von der Wirkung des Eigengewichts einschl. des Gewichtes des Ballastes aus. Die Mittelkraft liegt nach der Abb. 160 rechts außerhalb der Drehachse. Bringt man ihre Richtung zum Schnitt mit der Richtung des Schubes am Fuß der Haube und zieht von hier eine Gerade nach dem Stützpunkt am König, so liefert diese die Richtung der Reaktion K an dieser Stelle. In der Abb. 161 wurden der Schub H und die Größe K durch Zerlegung von G_1 und Q in die entsprechenden Richtungen gefunden. Indem das Eigengewicht in den einzelnen Knoten zum Angriff gebracht wird, lassen sich die Stabkräfte ohne Schwierigkeit mit Hilfe eines einfachen Cremonaplanes entwickeln. Hiernach folgt die Ermittlung der Spannkräfte für die bewegliche Belastung, Katze und Drehkran. Wir bringen die Katze mit 200 t Nutzlast in die äußerste Stellung auf dem Ausleger und bestimmen die Anteile der beiden anliegenden Knoten an der Last. Die Last für eine Hauptwand beträgt

$$\frac{200 + 6}{2} = 103 \text{ t}.$$

Die Knotenlasten sind in der Abb. 160 angegeben. Die Richtung und Größe der Lagerwiderstände H und K finden sich wie oben mit Hilfe des Schnittpunktes der Lastrichtung mit der Richtung des Schubes am Haubenfuß und durch Zerlegung der Last nach Abb. 162. Der Plan zeigt im weiteren die Entwicklung der Stabkräfte des in Anspruch genommenen beweglichen Kranteiles. Der Deutlichkeit wegen wurde der Plan nicht in einem Zuge durchgeführt, sondern es wurden nach rechts zu einmal die Spannungen des Auslegers und nach unten zu, ausgehend vom Fußschub H, die Stabkräfte der Haube aufgerissen. Es schien geboten, die Stützkonstruktion des

Königs, da Einzelheiten derselben sowieso besonders betrachtet werden müssen, in einer selbständigen Abb. 163 vor Augen zu führen. Die angreifenden Kräfte, nämlich die Reaktion K und die Stäbe des Auslegers und der Haube, ergeben sich aus dem vorhergegangen Plan. An Stelle des Königs und des mittleren Trägerkastens führt man zweckmäßig die Ersatzstäbe a, b und c ein; es handelt sich ja zunächst nur

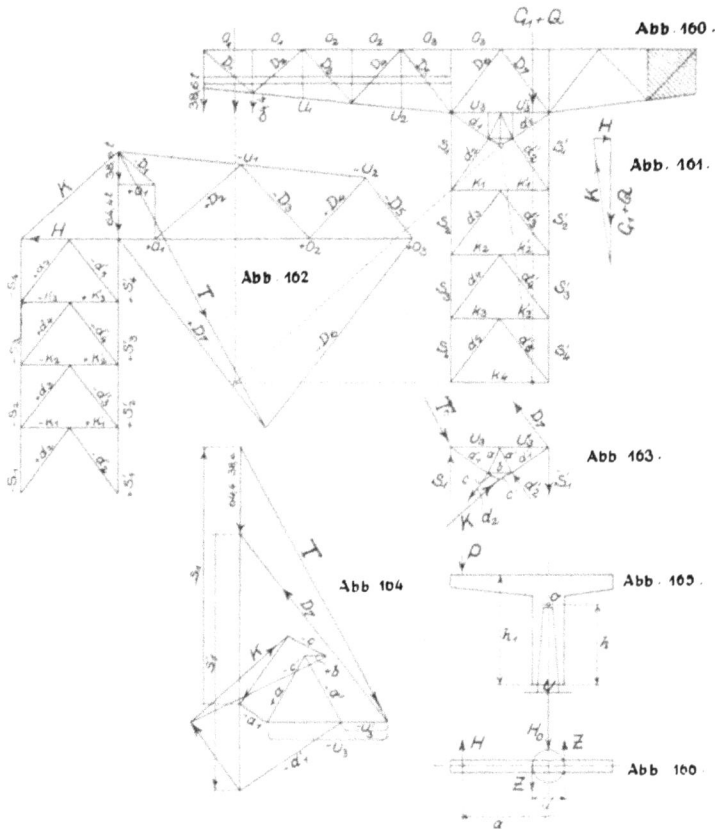

Abb. 160.

Abb. 161.

Abb 162

Abb 163.

Abb 164

Abb. 165.

Abb 166

um die Ermittlung der Spannkräfte der Hauptstäbe U_3, U_3', d_1 und d_1'; die Trägerkonstruktion wird später für sich untersucht. Im Plan Abb. 164 wurden die Spannungswerte der Stützkonstruktion aufgerissen. Es möge noch bemerkt werden, daß das K-System der Haube aus dem Grunde gewählt wurde, um wie früher eine gleichmäßige Verteilung des Schubes H auf den Ring herbeizuführen. Die Spannkräfte der Diagonalstäbe wurden mit Hilfe von Einflußlinien gefunden. Vergleiche Beispiel 10 und 11, Abb. 59 und 73. Bei der Berechnung muß auch die Belastung mit 250 t nach dem Schema Abb. 159 berücksichtigt werden. Es versteht sich von selbst, daß schließlich noch der Einfluß der leeren eingezogenen Katze, ferner des belasteten und unbelasteten Drehkranes in Betracht zu ziehen ist.

Die Untersuchung erstreckt sich auf folgende Belastungszustände:

1. Eigengewicht einschl. Gewicht des Ballastes,
2. Katze belastet mit 200 t, von Fall zu Fall zunehmend bis 250 t,
3. Katze leer eingezogen,
4. Drehkran belastet mit 20 t und über das ganze Gerüst verfahren,
5. Drehkran leer nach rückwärts ausgeladen,
6. Wind von rechts nach links (starker und schwacher),
7. Wind von links nach rechts (starker und schwacher),
8. Wind quer (starker und schwacher).

Die Einzelbelastungen setzen sich wie folgt zusammen:

I. (Erste Belastungsvorschrift) $1 + 2 + 5 + 6$ (Wind schwach),
II. (Zweite Belastungsvorschrift) $1 + 3 + 4 + 7$ (Wind schwach),
III. (Kran außer Betrieb) $1 + 3 + 5 + 6$ (Wind stark),
IV. (Kran außer Betrieb) $1 + 3 + 5 + 7$ (Wind stark).

Außerdem sind wie bei den früheren Beispielen zufällige Belastungen (extreme Fälle) in das Bereich der Möglichkeiten zu ziehen. Es kann durch Unachtsamkeit vorkommen, daß bei der Belastungsvorschrift I der Drehkran nicht ordnungsgemäß am Ende des rückwärtigen Auslegers gehalten wird. Oder es ist denkbar, daß die Katze wegen Instandsetzung abgebaut werden muß, während der Drehkran weiterarbeitet. Der Fall wäre eine Verletzung der Betriebsvorschrift II. Da es sich aber wie gesagt um extreme, sehr seltene Belastungsmöglichkeiten handelt, darf hierbei bis an die äußerste Grenze der Beanspruchung gegangen werden.

Schließlich hat die Wirkung von Massenkräften, die zustande kommen beim Anlauf des Drehwerkes oder wenn der Kran beim Schwenken durch Bremsung oder sonstwie plötzlich gehemmt wird, noch besondere Bedeutung. Es wurde unter Beispiel 11 bereits des näheren ausgeführt, daß sich Kräfte dieser Art nur schwer nachweisen lassen, da sie in der Hauptsache an die elastischen Vorgänge der Gesamtkonstruktion gebunden sind. Eine praktisch brauchbare und zuverlässige Rechnung nach dieser Richtung läßt sich anstellen, wenn man von den Zahndrücken des Drehwerkes ausgeht, die der Maschinenbauer für jeden Belastungszustand anzugeben in der Lage ist. Wiewelt diese Angaben mit der Wirklichkeit übereinstimmen, wollen wir wie früher dahingestellt sein lassen. Wir setzen wieder einen doppelten Drehantrieb voraus und nehmen die in der Abb. 165 dargestellte Belastung durch P an. Im Augenblick, wo der Kran in Bewegung gesetzt oder umgekehrt im Zustande der Drehung zur Ruhe gebracht wird, betragen die beiden Zahndrücke Z. Dann äußert die Last P einen wagerechten Schub H, der in folgender Beziehung zum Zahndruck steht

$$H \cdot a = Z \cdot d.$$

Hiernach folgt

$$H = Z \cdot \frac{d}{a}.$$

Zugleich liefert H am Königstuhl und am Fuß der Haube die Gegenschübe

$$H_0 = H \cdot \frac{h_1}{h}$$

und

$$H_u = H \cdot \frac{h_1 - h}{h}.$$

Der letztere wird durch die Gegenrolle am Ring auf die feste Scheibe der Drehsäule übertragen.

Die bei diesem Belastungszustand durch H auftretenden Stabkräfte des Krangerüstes lassen sich mit Hilfe einfacher Kräftepläne leicht ermitteln.

Sinngemäß behandelt man das Eigengewicht des beweglichen Teiles und das Gewicht des Ballastes. Bezeichnet a_1 den Abstand der Mittelkraft $G_1 + Q$ von der Mitte der Drehsäule, dann erhält man

$$H_1 = Z_1 \cdot \frac{d}{a_1}$$

ferner

$$H_0 = H_1 \cdot \frac{h_1}{h}$$

und

$$H_u = H_1 \cdot \frac{h_1 - h}{h}.$$

Der Schub H_1 wird entsprechend den Eigengewichten auf die einzelnen Knoten verteilt, wonach die Stabkräfte des Systems ohne Schwierigkeit entwickelt werden können.

Es sei nebenbei noch darauf hingewiesen, daß im Augenblick des Drehantriebes der Reibungswiderstand der Kugelkalotte am König überwunden werden muß. Der Widerstand beansprucht die Haube und die feste Säule auf Torsion, darf jedoch wegen seiner geringen Wirkung vernachlässigt werden.

Schließlich wäre noch ein Schrägzug der Last zu berücksichtigen. Die statische Sachlage ist dann eine ähnliche wie bei der Massenbewegung. Man nimmt den hierbei zustande kommenden wagerechten Schub mit etwa $1/10$ der Last an. Die Widerstände hiergegen werden wie oben an den Zähnen des Drehwerkes, dann an dem König und den Gegenrollen am Ring aufgebracht. Man hat wieder

$$Z_s = H_s \, \frac{a}{d}.$$

Die übrigen Reaktionen betragen

$$H_0 = H_s \cdot \frac{h_1}{h}$$

und

$$H_u = H_s \cdot \frac{h_1 - h}{h}.$$

Die Wirkung des Windes ist eine ähnliche wie die Wirkung der Massenkräfte aus dem Eigengewicht.

Die Berechnung der Katzenfahrbahn erfolgt zweckmäßig nach den Einflußlinien für durchgehende Träger, die auf einer Tafel meinem Buche „Die Statik des Kranbaues", zweite Auflage, beigegeben sind.

Der Druckring am Fuße der Haube bietet hinsichtlich der Belastung durch den Schub H eine Aufgabe, die bisher noch nicht behandelt wurde. Man beachte, daß die Haube nicht quadratisch, sondern rechteckig gestaltet ist. Für diesen Fall wurde unter Beispiel 11 (vgl. Abb. 87) eine Untersuchung angestellt, die aber nur eine Normalstellung des Auslegers zum Gegenstand hatte. Die Sachlage ist allerdings beim vorliegenden Beispiel so, daß wegen der Lagerung der Druckrollen im Ring eine Diagonalstellung der Schübe nicht eintreten kann. Immerhin wäre der Fall praktisch möglich, nämlich dann, wenn die Druckrollen statt im Ring gelegentlich einmal an der festen Scheibe angeordnet sein würden. Dann ergibt sich bei diagonaler

Stellung des Auslegers zur Säule der in der Abb. 167 zur Anschauung gebrachte Belastungszustand des Ringes. Der Fall ist wegen der Unsymmetrie der angreifenden Kräfte dreifach statisch unbestimmbar. Es erscheinen als Unbekannte im Querschnitte bei 1 ein Moment M, eine Querkraft X und eine Normalkraft N. Es wurde bereits weiter oben bemerkt, daß das K-System der Haube eine gleichmäßige Verteilung des Schubes H auf die vier Stützpunkte (Haubenfüße) herbeiführt. Wir setzen an Stelle von H die Kräftebezeichnung P.

Der übliche Weg zur Lösung der Aufgabe, indem man eine geschlossene Berechnung der drei von einander abhängigen unbekannten

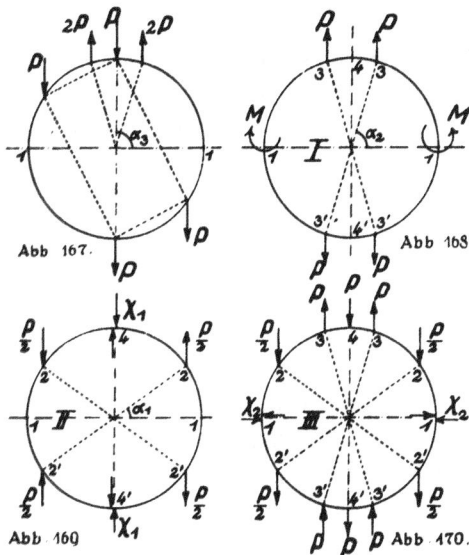

Abb 167. Abb 168

Abb 169 Abb 170.

Größen durchführt, scheidet wegen des ungeheuren Zeitaufwandes für die Praxis vollständig aus. Der Aufgabe läßt sich mit Leichtigkeit beikommen, wenn man das Verfahren der Belastungsumordnung zur Anwendung bringt. Wir ordnen die Belastung um in die drei Teilbelastungen I, II und III (Abb. 168, 169 und 170), die zusammen wieder die Grundbelastung ergeben. Bei den einzelnen Belastungszuständen erscheinen folgende statisch unbestimmte Größen:

Teilbelastung I: nur ein Moment M im Querschnitt bei 1,
Teilbelastung II: nur eine Querkraft X_1 im Querschnitt bei 4,
Teilbelastung III: nur eine Querkraft X_2 im Querschnitt bei 1.

Die Ausrechnung der Werte erfolgt jedesmal selbständig für sich bei I nach

$$\int \frac{M_{\varphi}}{J \cdot E} \cdot \frac{\partial M_{\varphi}}{\partial M} \cdot ds = 0,$$

bei II nach

$$\int \frac{M_{\varphi}}{J \cdot E} \cdot \frac{\partial M_{\varphi}}{\partial X_1} \cdot ds = 0,$$

bei III nach

$$\int \frac{M_{\varphi}}{J \cdot E} \cdot \frac{\partial M_{\varphi}}{\partial X_2} \cdot ds = 0.$$

Der Erfolg des Verfahrens ist somit der, daß infolge der Belastungsumordnung die drei statisch unbestimmten Größen unabhängig voneinander geworden sind. Ein weiterer Vorteil besteht darin, daß die Integrationen sich jedesmal nur über ein einziges Ringviertel erstrecken. Mit dem Hinweis auf frühere Ableitungen möge darauf verzichtet werden, die sehr einfachen Integrationen durchzuführen.

Es ist zweckmäßig, nach Berechnung der Unbekannten die Momente der einzelnen Teilbelastungen aufzustellen; die Restwerte ergeben sich dann durch sinngemäße Vereinigung der Einzelergebnisse. Dasselbe gilt für die Normal- und Querkräfte.

Über die Inanspruchnahme des Ringes durch die Zahndrucke Z beim Drehen, Bremsen, Wind oder Schrägzug der Last ist Näheres unter Beispiel 11 zu finden. Siehe auch Abb. 95. An jener Stelle wurde auch die Verteilung der Zahndrucke auf die vier Gerüstwände erörtert. Die Sachlage ist hier eine ähnliche. Es handelt sich in diesem Falle um die Anteile der Haubenwände an dem Kräftepaar durch Z. Der Unterschied gegenüber jener Aufgabe besteht darin, daß die Verteilung des Drehmomentes auf die vier Wände nach dem einfachen Hebelgesetz nunmehr einwandfrei zutrifft. Und zwar aus dem Grunde, weil das Gerüst, also die Haube, keine Einspannung an einem ihrer Enden aufweist. Bezeichnen wie früher a die Schmalseite der Haube und b die Breitseite, bedeuten ferner Q_a und Q_b die entsprechenden Schubanteile der Wandpaare, dann besteht nach früherem

$$Q_a = \frac{Z \cdot d}{2\,b} \quad \text{und} \quad Q_b = \frac{Z \cdot d}{2 \cdot a}.$$

Mit den Kräften Q_a und Q_b zugleich wirkt der Druck H_u der Gegenrolle, der sich zu gleichen Teilen auf die beiden Schmalseiten der Haube überträgt. Die gesamte Kräftegruppe steht im statischen Gleichgewicht mit der Reaktion H_0 am Königstuhl und dem Außen-

schub H, der seine Ursache hat in Wind, Massenbewegung oder Schrägzug der Last. Die Beziehungen zwischen H, H_0, H_u und Z bzw. Q_a
und Q_b wurden oben bereits aufgestellt. Es ist nun leicht, mit Hilfe
einfacher Cremonapläne die Stabkräfte der Fachwerke, also Haube
und Kranbrücke zu ermitteln.

Die feste Drehsäule wird bei normaler Belastung der Kranbrücke
stets von drei Kräften zugleich angegriffen, den beiden gleichen, aber
entgegengesetzt gerichteten Schüben H am Kopf und am Fuß der
Haube und dem senkrechten Druck V
auf die Kalotte. Der letztere verteilt
sich gleichmäßig auf alle vier Eckpfosten und erzeugt, mit Ausnahme
des wagerechten Stabes an der unteren
Knickstelle, keine Spannkräfte in den
Füllstäben. Hinsichtlich der Wirkung
der Schübe H wird auf die Ausführungen betreffend das feste Stützgerüst
bei Beispiel 11 verwiesen. Die Sachlage
ist hier eine ähnliche. Infolge des K-
Systems und weil die Kopfplatte und
die feste Kreisscheibe am Fuße der
Haube als vollkommen starr angesehen
werden können, übertragen sich die
Schübe stets zu gleichen Teilen auf alle
vier Gerüstecken. Bei Auslegerrichtung normal zum Säulenviereck er-
reichen die Füllgliederspannkräfte ihren größten Wert. In Anspruch genommen werden dann nur die beiden zum Schube parallel
gerichteten Wände. Die beiden quergerichteten Wände bleiben spannungslos. An einer Wand wirken $\dfrac{H}{2}$ oder an jeder Ecke $\dfrac{H}{4}$. Der Belastungszustand wurde in der Abb. 171 vor Augen geführt. Im Plan
Abb. 172 sind die Stabkräfte und die Auflagerdrucke des Systems
aufgerissen. Wagerechte Reaktionen kommen an den Fußpunkten
nicht zustande, weil die beiden Schübe H sich in der Konstruktion
selbst aufheben. Nun zu den größten Eckpfostenspannkräften; sie
entstehen, wenn der Ausleger über Eck des Säulenvierecks gerichtet
ist. Man erhält ihre tatsächlichen Werte, wenn man die vorermittelten
mit $\sqrt{2}$ multipliziert. Dasselbe gilt für die Auflagerdrucke. Vergleiche
die Darlegungen bei Beispiel 11. Die beiden anderen Eckpfosten blei-

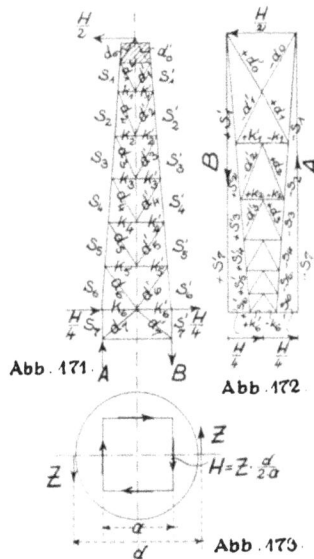

Abb. 171

Abb. 172

$$H = Z \cdot \frac{d}{2a}$$

Abb. 173

ben spannungslos. Eine weitere Inanspruchnahme der Säule tritt ein bei Wirkung der Zahndrucke infolge Wind, Drehung, Bremsen oder Schrägzug der Last. In Mitleidenschaft gezogen wird dabei nur der Teil unterhalb des Druckringes. Die Abb. 173 zeigt den Belastungszustand des Stückes im Grundriß. Das Drehmoment aus den Zahndrucken wird durch die starre Kreisscheibe zu gleichen Teilen auf die vier Gerüstseiten übertragen. Die hier angreifenden Widerstände ergeben sich nach

$$Z \cdot d = 2 \cdot H \cdot a$$

zu

$$H = Z \cdot \frac{d}{2 \cdot a}.$$

Die Kräfte werden jede für sich von den Diagonalpaaren d_7 und d_7' aufgenommen und nach den Füßen der Säule übertragen. Die hier angreifenden Gegenschübe bilden sich aus den Kräften H und sind radial gerichtet; sie betragen

$$Z \cdot \frac{d}{2 \cdot a} \cdot \sqrt{2} \cdot \frac{1}{2} = Z \cdot \frac{d}{4 \cdot a} \cdot \sqrt{2}.$$

Schließlich möge noch erwähnt werden, daß auch der Reibungswiderstand der Kugelkalotte, der entsteht, wenn der Kran geschwenkt wird, eine Torsionsbeanspruchung der Säule herbeiführt. Die Wirkung erstreckt sich nur über den Teil zwischen Kopf und Haubenfuß. Das Reibungsmoment sei M. Die Reaktion dazu, also das Gegenmoment M, liegt an der Druckscheibe. Es entstehen wieder zwei Kräftepaare, die von den vier Gerüstseiten aufgenommen werden. Hierbei erleiden nur die Füllglieder Spannkräfte. Die Pfosten bleiben spannungslos. Vorstehendes nur der Vollständigkeit wegen; der Einfluß dieses Vorganges ist gering und darf vernachlässigt werden.

Den früher angeschriebenen Belastungsmöglichkeiten des Krans sind die oben behandelte Massenbewegung und der Schrägzug der Last noch beizufügen. Die Aufgabe, die Einzelwirkungen so zusammenzufassen, daß sich jeweils die ungünstigsten Endwerte ergeben, erfordert viel Zeit, Mühe und Sorgfalt.

Beispiel 16. Ein Schwimmkran von 100 t Tragfähigkeit nach Abbildung 174.

Der Ausleger ist einziehbar. Im übrigen steht der Kran fest auf dem Ponton.

Die Unterflasche hängt in 8 Strängen, von denen zwei angezogen werden. Vergleiche Beispiel 1, Abb. 3 und 4. Der Kran besteht aus zwei Bestandteilen, dem festen Untergestell und dem beweglichen Ausleger. Auf dem festen Untergestell ist das Hubwerk angeordnet. Zunächst muß das Anzugseil in eine systematische Beziehung zu dem System des Untergestells gebracht werden. Wir denken uns das Hubwerk derartig in letzterem gelagert, daß das Hubseil gerade im Knotenpunkt a zum Angriff kommt. Wir verfolgen dann schlechtweg nur die reinen Systemkräfte, während in Wirklichkeit noch Nebenwirkungen entstehen, die in irgendeiner Weise durch Zwischenkonstruktionen aufgenommen werden müssen. Eine eingehende Untersuchung aller Einzelheiten ist hier nebensächlich und kann auch erst erfolgen nach genauer Kenntnis der maschinellen Anlage. Wir behandeln bei der Berechnung den Ausleger stets getrennt vom festen Untergestell, weil auf diese Weise der Gelenkdruck K und der Spindelzug S, die ein besonderes Interesse haben, deutlicher in die Erscheinung treten.

Ein hervorstechender Unterschied gegenüber einem gewöhnlichen feststehenden Drehkran besteht in der fortwährenden Lageänderung des schwimmenden Bauwerkes. Die Lageänderung erfolgt in der Hauptsache in der Richtung des Auslegers. Bei großem Belastungsmoment neigt der Ponton stärker nach vorn über als bei geringem. Er wiegt zwischen den beiden Grenzen: Maximale Belastung bei größter Ausladung und Ausleger leer ganz eingezogen. Man hat es in der Hand, durch Einbringung eines rückwärtigen Ballastes in den Ponton die Lageänderungen auszugleichen, so daß die Neigung nach links bei größtem Belastungsmoment die gleiche ist wie nach rechts bei geringstem Belastungsmoment. Die Neigungen (Schwimmlagen) sind oft beträchtlich; es liegt auf der Hand, daß dadurch die Spannkräfte des Krangerüstes eine erhebliche Verschiebung erfahren. Die Schwimmlagen werden zunächst als bekannt vorausgesetzt. Ihre Berechnung erfolgt später in einem besonderen Abschnitt.

In der Abb. 174 ist der Kran im Augenblick des größten Belastungsmomentes, Ausleger ganz ausgeladen und maximal belastet, zur Darstellung gebracht. Die Neigung des Pontons in Richtung des Auslegers betrage $a = 5^0$. Demgegenüber zeigt die Abb. 175 den Kran im Zustande des kleinsten Belastungsmomentes: Ausleger leer und ganz eingezogen. Es bestehe hierbei eine Neigung in Richtung des Auslegers von $a = 5^0$ rückwärts. Die Neigung geht in $a = 0^0$ über, wenn in dieser Auslegerstellung die Last angehängt ist. In allen Fällen denke man Wind in entsprechender Stärke und Richtung wirksam. Bei belastetem Ausleger kommt Wind in geringer Stärke (etwa 20 bis 30 kg) gegen den Rücken angreifend in Betracht. Hoher Winddruck ist einzuführen bei leerem ganz ausgeladenem und bei leerem ganz eingezogenem Ausleger. In letzterem Falle in Richtung gegen die Bauchseite. Im folgenden mögen die einzelnen Belastungszustände

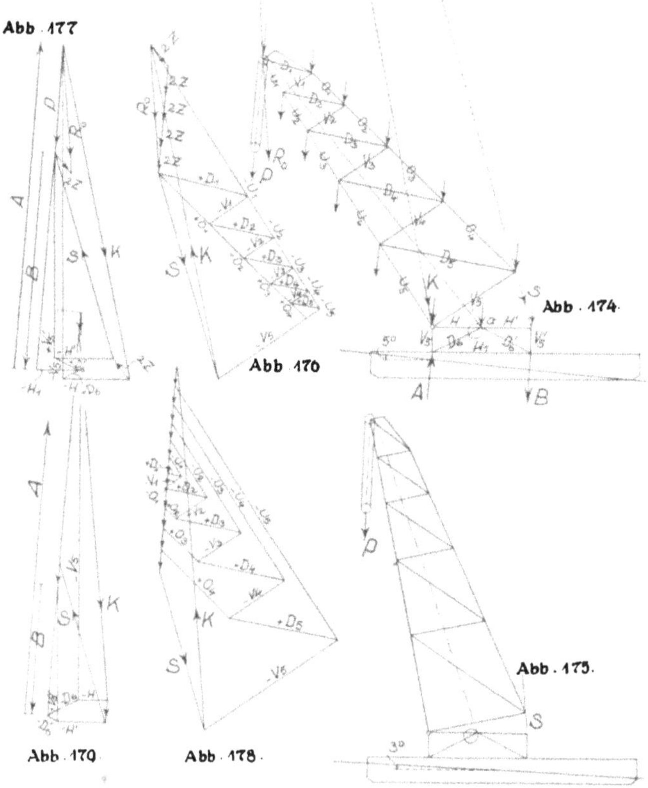

Abb. 177

Abb. 176

Abb. 174.

Abb. 175.

Abb. 170

Abb. 178.

mit den zugehörenden Schwimmlagen übersichtlich aufgeführt werden:

    1. Ausleger ganz ausgeladen.

      a) Eigengewicht,

      b) Gewicht der Unterflasche,

      c) Last $P = 100$ t,

      d) Wind schwach rückwärts,

      e) Wind stark rückwärts.

    2. Ausleger ganz eingezogen.

      a) Eigengewicht,

      b) Gewicht der Unterflasche,

c) Last $P = 100$ t,

d) Wind schwach rückwärts,

e) Wind stark bauchseitig.

Die Einzelbelastungen setzen sich zu folgenden Hauptzuständen zusammen:

    I. Last P in größter Ausladung $1_a + 1_b + 1_c + 1_d.$ $a = 5^0.$

    II. Ausleger leer $1_a + 1_b + 1_e.$ $a = 2^0.$

    III. Last P in kleinster Ausladung $2_a + 2_b + 2_c + 2_d.$ $a = 0^0.$

    IV. Ausleger leer $2_a + 2_b + 2_e.$ $a = 5^0$

                                                    (rückwärts).

Außerdem muß noch Wind in Querrichtung, und zwar wie oben schwach bei belastetem Ausleger und stark bei leerem Ausleger, untersucht werden.

Es möge genügen, des Näheren nur die Wirkung der Nutzlast P und des Eigengewichtes der Krankonstruktion bei vollständiger Ausladung des Auslegers zu verfolgen.

Die Last P hängt in 8 Strängen, davon werden zwei durch das Hubwerk angezogen. Wir betrachten beide Auslegerwände zugleich, haben daher als Hubanzug $2Z$. In der Abb. 176 wurde die Last P oder, was dasselbe ist, die Anspannung der vier Seilpaare $4 \cdot 2Z$ in Richtung entsprechend $a = 5^0$ aufgetragen. Hinzu kommt der Anzug $2Z$ der Hubseile. Die sämtlichen Kräfte ergeben eine Mittelkraft R_0, die in der Achse der Schnabelrolle angreift und maßgebend ist für die Spannungsermittlung des Gerüstes. Der anschließende leicht zu verfolgende Cremonaplan liefert die gewünschten Stabkräfte. Insbesondere erhalten wir auch den Anzug S der Spindeln und den Druck K auf den Drehpunkt des Auslegers. Die Stabkräfte des Untergestells wurden in einem weiteren Plan Abb. 177 selbständig aufgerissen. Hier finden sich auch die Auflagerdrucke $+A$ und $-B$ des Gerüstes auf den Ponton. Es möge beachtet werden, daß zwischen den Fußpunkten noch eine Druckkraft H_1 wirksam ist, die vom Ponton oder von einem besonders eingebauten Stab aufgenommen wird. — Bei dem Plan Abb. 176 wurde die geringe Schrägstellung der beiden Ausleger zueinander vernachlässigt.

Ebenso entwickeln sich die Stabkräfte usw. aus dem Gewicht U der Unterflasche. Man erhält die Werte durch Multiplikation der vorermittelten mit $\dfrac{U}{P}$. In der Abb. 174 sind die Knotenlasten aus dem Eigengewicht eingetragen. Wir ermitteln mit Hilfe eines Cremona-

planes zunächst wiederum nur die Stabkräfte des Auslegers und gewinnen damit den Spindelzug S und den Druck K auf den Drehpunkt. Abb. 178. Zu dem Untergestell gehört der besondere Plan
Abb. 179. Es handelt sich hier nur um die grundsätzliche Untersuchung der Wirkung des Eigengewichtes. Die Einordnung besonderer
Lasten, z. B. des Führerstandes, der maschinellen Teile u. a. m.,
kann hier nicht gut des Näheren besprochen werden.

Schließlich sind noch die Spannkräfte aus Wind gegen den Rücken
des Auslegers zu bestimmen. Die Windkräfte werden als wagerechte

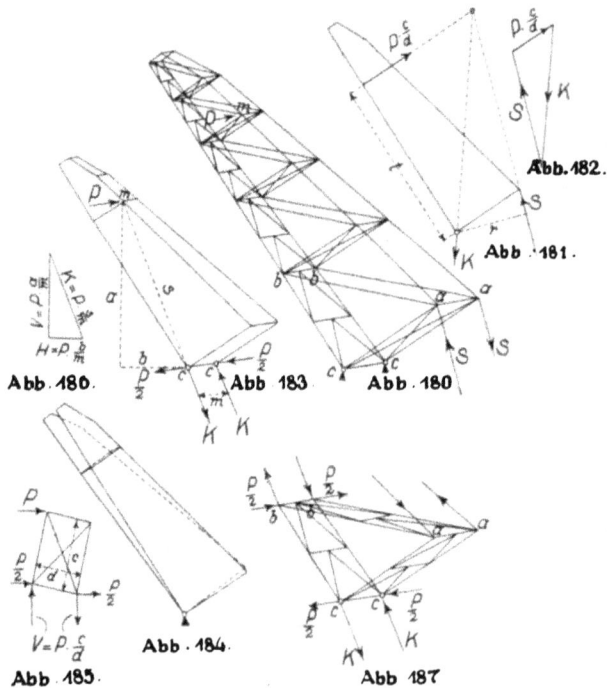

Abb. 182.

Abb. 181.

Abb. 180.

Abb. 183.

Abb. 180.

Abb. 184.

Abb. 185.

Abb. 187.

Knotenlasten angetragen. Die Kräftepläne ähneln den Plänen aus dem
Eigengewicht.

Mit vorstehendem sind die Einzelzustände der Belastungsfälle I
und II erschöpft. Genau so verfährt man bei Untersuchung des
Kranes, wenn der Ausleger eingezogen ist. Belastungsfälle III und IV.
Vgl. Abb. 175.

Eine besondere Aufgabe bietet das Gerüst, wenn es von seitlichen Kräften, wie Wind, Schrägzug der Last oder Massenbewegung
in Anspruch genommen wird. Als allgemeinste Belastung werde die

Kraft *P*, angreifend im Knoten *m* des Obergurtes, angenommen. Siehe Abb. 180. Die Durchbildung des Raumsystems ist deutlich zu erkennen. Es besteht aus den beiden Hauptwänden, einem Verband in der Untergurtebene und den Querrahmen zwischen den Pfostenstäben. Unter der Voraussetzung, daß die Spindeln wirksam sind, ist das System gegenüber der Belastung durch *P* stabil. Die Kraft *P* wird durch den Rahmen zunächst nach dem Verband in der Untergurtebene geleitet, erzeugt dann noch ein Kräftepaar, welches die Hauptwände gleich aber entgegengesetzt in Anspruch nimmt. Der Querrahmen wurde in der Abb. 185 herausgezeichnet. Das Kräftepaar hat den Wert

$$V = P \cdot \frac{c}{d}.$$

Vernachlässigt man die geringe Schrägstellung der Auslegerwände zueinander, dann beträgt die Spindelanspannung

$$S = \pm \, P \cdot \frac{c}{d} \cdot \frac{t}{r}.$$

Der Wert läßt sich auch zeichnerisch durch Zerlegung der Kraft *V* nach den beiden punktierten Richtungen der Abb. 181 finden. Vgl. Abb. 182. Der Plan liefert zugleich den Druck $\pm \, K$ auf den Drehpunkt. Zugleich greifen an diesen Stellen in Richtung der Untergurtebene die Kräfte

$$\pm \, P \cdot \frac{t}{m}$$

an.

In statischer Beziehung ist das System somit in Ordnung. Es frägt sich jedoch, ob es gut ist, die Spindeln in der vorbedingten Weise in Anspruch zu nehmen; die eine erleidet Zug, die andere Druck. Man vergegenwärtige sich die Wirkung der Kräfte auf das Einziehwerk. Die Spindeln besitzen zunächst einen gewissen Anzug infolge Eigengewicht und Last. Der Zustand ist dann so, daß bei Wirkung von Seitenkräften die eine Spindel erhöht, die andere vermindert in Anspruch genommen wird. Es bedarf keiner Frage, daß eine solche Belastung das Einziehwerk ungünstig beeinflußt. Im weiteren kann noch folgendes zutage treten. Es ist wohl möglich, daß die Spindeln einmal ungleichmäßig anziehen, ja, daß eine derselben infolge einer Störung im Antrieb zeitweilig versagt. Dann tritt, weil das Gerüst in sich kein starres Raumsystem bildet, eine bedenkliche Deformation des Gebildes ein, die den Bestand des Ganzen gefährdet und zu einem

Bruch führen kann. Die einzelnen Phasen des Vorganges sind folgende: Verschiebung der Auslegerwände gegeneinander, Verwindung des Verbandes in der Untergurtebene, Schrägstellung der Querrahmen und damit Zurseitebiegung der Obergurte. Die einzelnen Bestandteile des Gerüstes unterliegen damit höchst gefährlichen Verdrehungen, Zwängungen und Würgungen. Eine besondere Gefahr besteht für die Druckstäbe, indem die Knicksicherheit derselben infolge biegender Einflüsse bedenklich herabgemindert und schließlich erschöpft werden kann.

Man hat es in der Hand, das System des Auslegers so einzurichten, daß die oben bemängelte ungleichmäßige Anspannung der Spindeln bei seitlichen Kräften nicht eintritt, und daß auch die soeben erörterte Voreilung eines der Antriebe keinen so schädlichen Einfluß auf das Fachwerk ausübt. Wir denken einmal die Spindeln ganz ausgeschaltet und sehen zu, in welcher Weise die Stabilität des Gerüstes gegen seitliche Kräfte herbeigeführt werden kann. Zunächst leuchtet ein, daß unter diesen Umständen das System verschieblich ist. Vgl. die Abb. 183 und 184. Es tritt eine ähnliche Verzerrung des Gebildes ein wie beim vorhergehenden Falle: Verschiebung der Auslegerwände gegeneinander, Verwinden des Verbandes in der Untergurtebene, Schrägstellung der Querrahmen und damit Zurseitebiegung der Obergurte. Man erreicht nun die gebotene Starrheit des Systems durch Anordnung einer Querversteifung in dem offenen Diagonalfeld $a - a - b - b$. Siehe Abb. 180. Es entsteht damit der in der Abb. 187 herausgezeichnete feste Fachwerkklotz, der imstande ist, die aus dem übrigen Gerüstteil resultierenden Kräfte infolge der Last P aufzunehmen. Die Kräfte greifen in den Punkten $a—a$ und $b—b$ an und finden sich in ähnlicher Weise wie die Spindelzüge und die Drucke auf die Drehpunkte in der Abb. 180. Vergleiche auch die Abb. 181 und 182. In der Abb. 187 wurden die Kräfte durch Pfeile angedeutet. Die zugehörigen Drucke K auf die Drehpunkte, oder besser die Reaktionen daselbst, stehen mit den Kräften im Gleichgewicht. In der Abb. 183 ist der Belastungszustand des nunmehr in sich unverschieblichen Systems veranschaulicht. Die Richtung der Reaktionen K liegt in der Geraden $c - m$. Ihre Größe beträgt

$$K = P \cdot \frac{s}{m}.$$

Im Plan Abb. 186 sind die wagerechte und senkrechte Seitenkraft von K aufgerissen. Die Spannkräfte des Fachwerkklotzes lassen sich mit Hilfe einfacher Kräftepläne leicht finden.

Wenn nun auch einerseits mit der Einführung des festen Fachwerkklotzes die Mängel des früheren von den Spindeln abhängigen Systems behoben sind, so darf doch nicht übersehen werden, daß das Gerüst auch in dieser Ausführung gewisse Nachteile im Gefolge hat. Zunächst bleiben die Spindeln dennoch, entgegen unserer Absicht, also trotz der Starrheit des Gerüstes in sich, von Seitenkräften gegen den Ausleger nicht ganz unbeeinflußt. Doch hierüber hinweg, da die Einwirkung nur gering ist und praktisch keine Bedeutung hat. Wichtiger, ja einschneidend ist folgende Betrachtung: Infolge des Umstandes, daß die Spindelangriffspunkte a—a gegeneinander festliegen, müssen die Einziehwerke aufs genaueste mit ihnen in Einklang stehen. So daß beim Einziehen des Auslegers, also in jeder Phase der Bewegung, die Spindeln gleich stark anziehen und dieselbe Belastung erhalten. Eine solch genaue Einordnung der Antriebe in die Eisenkonstruktion kann in der Hauptsache erst auf der Baustelle erfolgen. Nehmen wir an, es ließe sich eine befriedigende Übereinstimmung herbeiführen. Im anderen Falle aber wäre die Sachlage nicht gut haltbar, weil es dann vorkommen kann, daß die eine oder die andere Spindel überbelastet, unter Umständen sogar gezwungen sein wird, das ganze Auslegermoment zeitweilig allein aufzunehmen. Dieses allerdings nur bei ganz groben Differenzen, da die Elastizität des Fachwerkklotzes und die Nachgiebigkeit der Maschinenteile immerhin ein ziemliches Spiel zulassen. Unter allen Umständen kann eine solche totale einseitige Belastung einer Spindel eintreten, wenn eines der Antriebe einmal, wie früher dargelegt, versagt. Man muß diese Möglichkeit ins Auge fassen und den Fachwerkklotz entsprechend berechnen.

Die Untersuchungen haben ergeben, daß beide Anordnungen des Gerüstes, also einmal jene, deren Stabilität durch die Spindeln herbeigeführt wird und dann die andere, die mit Hilfe des Fachwerkklotzes ein starres System in sich bildet, ihre Mängel haben. Eine Gegenüberstellung des Für und Wider fällt aber wohl schließlich zugunsten der starren Ausführung aus, weil unter diesen Umständen eine so gefährliche Deformation des Ganzen, wie oben dargelegt, nicht zustande kommen kann. Sollte dennoch aus irgendwelchen Gründen die verschiebliche Anordnung gewählt werden, so sind die Gefährnisse derselben gründlich zu erwägen und insbesondere ist darauf zu achten, daß die Druckglieder die bedenklichen Nebenwirkungen (Verbiegung, Verdrehung usw.) aushalten.

An Stelle der hier eingeführten einzigen Kraft P kommen praktisch bei Wind oder Massenbewegung mehrere an jedem

Knoten angreifende Lasten in Betracht. Der Berechnungsgang ist dann derselbe, nur mit dem Unterschied, daß Seitenkräfte gegen den Untergurt unmittelbar vom Verband daselbst aufgenommen werden, also keine Nebenwirkungen der oben geschilderten Art im Gefolge haben. Seitenkräfte infolge Massenbewegung bei Umwendung des schwimmenden Bauwerks lassen sich vernünftigerweise nicht ableiten, weil hierzu jeder Anhaltspunkt fehlt. Sicher ist nur, daß aus dieser Ursache heraus Anstrengungen von erheblicher Bedeutung eintreten können. Zum Beispiel, wenn der wendende Ponton plötzlich durch Anstoß ein Hemmnis erfährt. Man tut gut, der Möglichkeit eines solchen Vorkommnisses dadurch Rechnung zu tragen, daß man Seitenkräfte bei Kran im Betrieb einführt, etwa in der Größe hohen Winddruckes. Außerdem berücksichtigt man einen Schrägzug der Last, so daß man an der Schnabelrolle eine wagerechte Kraft von etwa $^1/_{10}$ der Nutzlast in Ansatz bringt.

Abb. 188.

Abb. 189.

Laufen die beiden Auslegerwände, wie in der Abb. 188 dargestellt, an der Spitze in einer Schneide aus, dann ist das Raumsystem gegen seitliche Kräfte ohne Mitwirkung der Spindeln und ohne Fachwerkklotz in sich unverschieblich. Die Starrheit des Gebildes beruht in den Querreaktionen T, die die Auslegerspitzen gegenseitig abgeben. Die ins Auge gefaßte Kraft P wird von dem Querrahmen zunächst nach dem Verband in der Untergurtebene geleitet. Sie erzeugt an den Fußpunkten des Gerüstes die Reaktionen

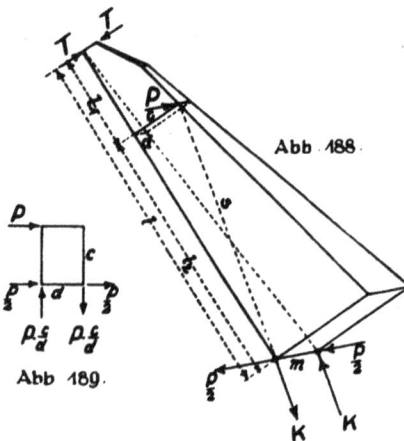

$$K_1 = \pm P \cdot \frac{l_2}{m}.$$

Außerdem entsteht an dem Rahmen das Kräftepaar $P \cdot \frac{c}{d}$, welches von der vorderen und der hinteren Auslegerwand aufgenommen wird. Es entstehen damit folgende Querreaktionen:

An der Auslegerspitze

$$T = \pm P \cdot \frac{c}{d} \cdot \frac{l_2}{l},$$

an den Fußpunkten

$$K_2 = \pm P \cdot \frac{c}{d} \cdot \frac{l_1}{l}.$$

Die Reaktionen K_1 und K_2 wirken zusammen und erzeugen die Resultierende K, die in der Richtung s liegt und den Wert hat

$$K = \pm P \cdot \frac{s}{m}.$$

Ermittlung der Schwimmlagen.

Es mögen die beiden Belastungszustände I und IV untersucht werden. Belastungszustand I: Last $P = 100$ t in größter Ausladung, Wind schwach rückwärts. Abb. 190. Belastungszustand IV: Ausleger leer ganz eingezogen, Wind stark bauchseitig. Abb. 191.

Es bezeichnen: P die Nutzlast, G_1 das Gewicht der gesamten Krankonstruktion, G_2 das Gewicht des Pontons, G_3 das Gewicht des rückwärts im Ponton eingebrachten Ballastes. Ferner bedeuten m und n die senkrechten und wagerechten Schwerpunktabstände der Lasten, gemessen von Unterkante bzw. Mitte Ponton. Die Lasten betragen $G_1 = 90$ t, $G_2 = 400$ t, $G_3 = 170$ t. Die wagerechten Winddrucke seien H (schwach) $= 1$ t, H (stark) $= 8$ t. Dazu gehören die wagerechten Hebelarme h, gemessen von Unterkante Ponton. Sämtliche Maße sind in den Abbildungen angegeben. Der Ponton ist rechteckig. Seine Länge sei $l = 24$ m, seine Breite $b = 13,5$ m.

In meinem Buche „Die Statik des Kranbaues", zweite Auflage, wurden im 7. Abschnitt Formeln zur Berechnung der Schwimmlagen abgeleitet. Für die Bedürfnisse der Praxis ausreichend sind die Näherungsgleichungen 140a und 143a. Sie lauten

$$\operatorname{tg} a = \frac{n}{\dfrac{J}{R} + \dfrac{t}{2} - m}$$

und

$$\operatorname{tg} a = \frac{n + \dfrac{H}{R}\left(h - \dfrac{t}{2}\right)}{\dfrac{J}{R} + \dfrac{t}{2} - m}.$$

Die erste Formel gilt für eine Einzellast R, die zweite für den Fall, daß außer der Einzellast noch eine wagerechte Kraft H angreift.

Es bedeutet t die Eintauchtiefe des Pontons infolge der Last R. Sie beträgt

$$t = \frac{R}{b \cdot l \cdot \gamma}.$$

J ist das Trägheitsmoment des wagerechten Pontonquerschnittes in Richtung der Neigung.

$$J = \frac{b \cdot l^3}{12} \quad \text{bzw.} \quad J = \frac{l \cdot b^3}{12}.$$

Belastungszustand I.

Wir fassen sämtliche senkrechten Lasten zu der Einzellast R zusammen und bestimmen deren Schwerpunktslage in bezug auf Unterkante und Mitte Ponton.

Es ist $R = 100 + 90 + 400 + 170 = 760$ t

$$m = \frac{100 \cdot 26 + 90 \cdot 12,5 + 400 \cdot 1,5 + 170 \cdot 1,6}{100 + 90 + 400 + 170}$$

$$= \frac{2600 + 1125 + 600 + 272}{760} = \frac{4597}{760} = 6,05 \text{ m}$$

$$n = \frac{100 \cdot 21 + 90 \cdot 8,5 + 400 \cdot 0 - 170 \cdot 11,1}{100 + 90 + 400 + 170}$$

$$= \frac{2100 + 765 - 1887}{760} = \frac{978}{760} = 1,29 \text{ m}.$$

Ferner ergibt sich

$$t = \frac{760}{13,5 \cdot 24} = 2,35 \text{ m}$$

und

$$J = \frac{13,5 \cdot \overline{24}^3}{12} = 15\,550 \text{ m}^4.$$

Die obige zweite Formel liefert nunmehr

$$\operatorname{tg} a_1 = \frac{1{,}29 + \dfrac{1}{760}(17{,}2 - 1{,}18)}{\dfrac{15550}{760} + 1{,}18 - 6{,}05}$$

$$= \frac{1{,}29 + 0{,}021}{20{,}5 + 1{,}18 - 6{,}05} = \frac{1{,}311}{15{,}63} = 0{,}0838.$$

Oder die Schwimmlage im Winkel ausgedrückt

$$a_1 = \sim 4^0\,50'.$$

Belastungszustand II.

Die Mittellast beträgt $R = 90 + 400 + 170 = 660$ t.
Die Schwerlagen berechnen sich wie folgt

$$m = \frac{90 \cdot 13{,}4 + 400 \cdot 1{,}5 + 170 \cdot 1{,}6}{90 \cdot 400 + 170}$$

$$= \frac{1206 + 600 + 272}{660} = \frac{2078}{660} = 3{,}15\ \text{m}$$

$$n = \frac{90 \cdot 7{,}5 + 400 \cdot 0 - 170 \cdot 11{,}1}{90 + 400 + 170}$$

$$= \frac{675 - 1887}{660} = -\frac{1212}{660} = -1{,}84\,\text{m}.$$

Sodann ist

$$t = \frac{660}{13{,}5 \cdot 24} = 2{,}04\ \text{m}.$$

Man erhält

$$\operatorname{tg} a_2 = \frac{1{,}84 + \dfrac{8}{660}(17 - 1{,}02)}{\dfrac{15550}{660} + 1{,}02 - 3{,}15}$$

$$= \frac{1{,}84 + 0{,}194}{23{,}6 + 1{,}02 - 3{,}15} = \frac{2{,}034}{21{,}47} = 0{,}0946$$

oder

$$a_2 = \sim 5^0\,30'\ (\text{rückwärts}).$$

Die Zusammenfassung aller senkrechten Lasten zu einer Mittel kraft R stellt eine Näherung dar, die jedoch bei den geringen Neigungen durchaus zulässig ist. Merkbare Differenzen gegenüber einer genauen Berechnung würden erst bei beträchtlich größeren Winkeln zutage treten.

Beispiel 17. Ein Schwimmkran von 200 t Tragkraft mit drehbarem einziehbaren Ausleger nach Abbildung 193.

Der Kran ähnelt hinsichtlich seiner Stützung und seiner Drehbarkeit dem Hammerkran Beispiel 15. Ein Unterschied besteht eigentlich nur in der Einziehbarkeit des Auslegers und darin, daß das Bauwerk den Schwimmlagen unterworfen ist. Der Ausleger stützt sich in zwei Gelenken auf ein haubenartiges Gerüst, welches wie früher über eine feste auf dem Ponton stehende pyramidenförmige Säule gestülpt ist. Die Stützung durch den König und die Anordnung des Ringes am Fuße der Haube sind dieselben wie damals. Zum Zwecke des Ausgleiches der Auslegermomente, bzw. um zu erreichen, daß die Schübe nach rechts und links am Fuße der Haube bei ausgeladener Last und bei leerem ganz eingezogenem Ausleger einander gleich sind, wird rückwärts der Haube in einem Anbau ein Ballast Q untergebracht. In dem Anbau ruhen auch das Einziehwerk und das Hubwerk, deren Eigengewichte ebenfalls einen Ballast in dem bezeichneten Sinne liefern. Die Drehung des beweglichen Teiles erfolgt wie bei Beispiel 15. Vgl. Abb. 153. Die Einziehung des Auslegers geht folgendermaßen vor sich. Rückwärts der Haubenwand an den beiden Eckpfosten derselben sind beiderseits zwei senkrechte, feste aber drehbare Spindeln angeordnet. Auf diesen sitzen Muttern, die mit Rollen, wenn die Spindeln drehen, zwischen Führungen auf und ab wandern. Man nennt die Muttern Spindelwagen. Indem nun der Ausleger rückwärts mittels Gelenkstangen L an die Muttern angehängt ist, kann er eingezogen und nachgelassen werden. Wie schon bemerkt, befindet sich das Drehwerk der Spindeln in dem vorgebauten Gerüst am Fuße der Haube.

Beim vorhergehenden Beispiel erfolgten die Schwimmlagen, da der Ausleger nicht drehbar war, der Hauptsache nach in Richtung der Längsachse des Pontons. Bei der vorliegenden Aufgabe kann der Ponton nach allen Seiten neigen, je nachdem der Ausleger gerichtet ist. Die statischen Vorgänge werden durch die Schwimmlagen erheblich beeinflußt.

Wir nehmen wieder an, daß die Last P in acht Strängen hängt, von denen zwei durch das Hubwerk angezogen werden. Diese beiden Stränge führen auf dem Wege zum Hubwerk über zwei Zwischenrollen, eine in der Mitte des Auslegerrückens und eine am Kopf der Haube.

Das Bauwerk zerfällt in drei Hauptteile, den Ausleger, die Haube und die feste Säule. Wir untersuchen jeden dieser Teile getrennt, einmal im Interesse der Übersichtlichkeit und dann auch deshalb, weil bei diesem Vorgehen verschiedene Größen, die besonders wichtig sind, deutlicher sichtbar werden, z. B. Druck auf den Drehpunkt, Lenker- und Spindelzüge, Auflagergröße am König, Schub am Haubenfuß und Seitendruck gegen den Spindelwagen.

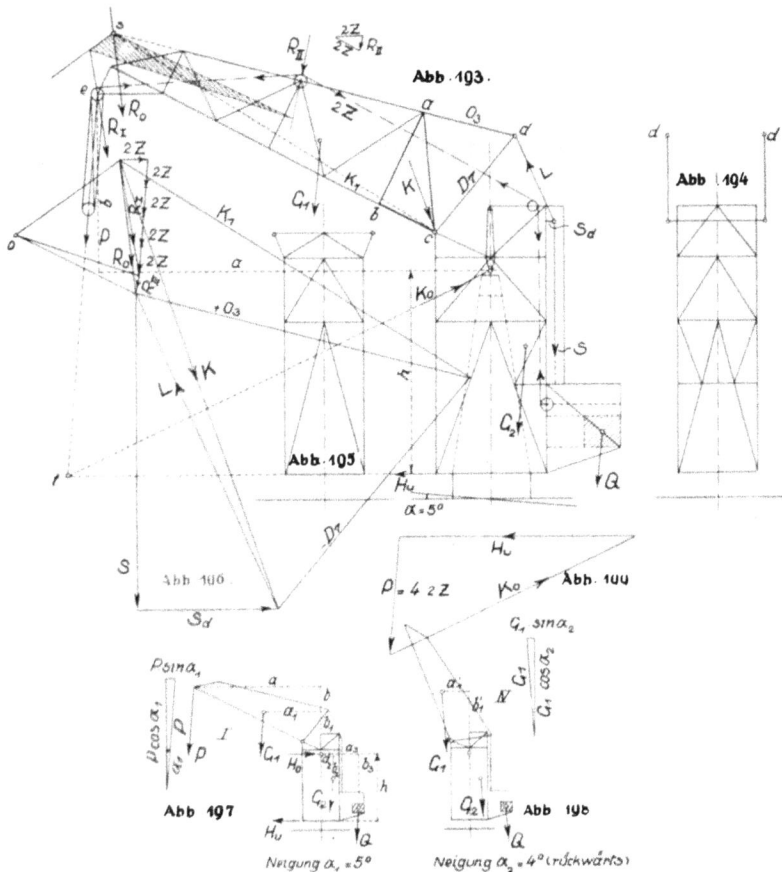

Die Abb. 194 zeigt eine Ansicht gegen den Rücken der Haube. In der Abb. 195 ist eine Vorderansicht dargestellt.

Die Neigungen des Pontons bei den verschiedenen Belastungszuständen werden zunächst als bekannt vorausgesetzt. Der Ponton ist rechteckig. Die stärksten Schwimmlagen treten ein bei Auslegerrichtung quer zur Längsseite desselben. Die Neigung betrage bei größter Ausladung der vollen Last und Wind schwach gegen den Rücken des Auslegers $a_1 = 5^0$ nach vorne. Die Schwimmlagen seien durch den rückwärtigen Ballast am Kran so ausgeglichen, daß bei eingezogenem leeren Ausleger und Wind stark gegen die Bauchseite eine Neigung nach rückwärts von $a_2 = 4^0$ zustande kommt. Nachstehend seien die einzelnen Belastungszustände mit den zugehörenden Schwimmlagen übersichtlich aufgeführt.

1. Ausleger ganz ausgeladen.

   a) Eigengewicht,
   b) Gewicht der Unterflasche,
   c) Last $P = 200$ t,
   d) Wind schwach rückwärts,
   e) Wind stark rückwärts.

2. Ausleger ganz eingezogen.

   a) Eigengewicht,
   b) Gewicht der Unterflasche,
   c) Last 200 t,
   d) Wind schwach rückwärts,
   e) Wind stark bauchseitig.

Die Einzelbelastungen setzen sich zu folgenden Hauptzuständen zusammen:

I. Last P in größter Ausladung $1_a + 1_b + 1_c + 1_d \quad a = 5^0$

II. Ausleger leer $\qquad\qquad\qquad 1_a + 1_b + 1_e \qquad a = 2^0$

III. Last P in kleinster Ausladung $2_a + 2_b + 2_c + 2_d \quad a = 0^0$

IV. Ausleger leer $\qquad\qquad\qquad 2_a + 2_b + 2_c \qquad a = 4^0$

$\qquad\qquad\qquad\qquad\qquad\qquad\qquad\qquad$ (rückwärts).

Außerdem hat man Wind in Querrichtung, und zwar schwach bei belastetem und stark bei leerem Ausleger, in Ansatz zu bringen.

Man wird, wie das auch bei den festen Platzkranen zu geschehen pflegt, der Berechnung die Bedingung zugrunde legen, daß der Schub am Haubenfuß bei größtem Lastmoment nach links ebenso groß ist wie der Schub bei größtem Lastmoment nach rechts. Diese Einrichtung erfolgt, um einmal einen relativ niedrigsten Mittelwert zu erzielen, dann auch zu dem Zweck, daß alle durch den Schub in Anspruch genommenen Teile, wie Haube, Ring, Kreisscheibe, Drehwerk u. a. m. nach beiden Richtungen gleich stark belastet werden. In den Abb. 197 u. 198 sind die beiden äußersten Belastungszustände I und IV zur Darstellung gebracht. Zwecks Vereinfachung der Beziehungen mögen die Windlasten, da sie sowieso keinen allzu großen

Einfluß haben, unberücksichtigt bleiben. Ferner sei bemerkt, daß in das Eigengewicht G_1 des Auslegers das Gewicht der Unterflasche eingeschlossen zu denken ist. Ebenso möge in dem Gewicht G_2 der Haube das Gewicht der gesamten Maschinenanlage enthalten sein. Der Bequemlichkeit wegen dreht man bei allen statischen Betrachtungen statt des ganzen Gerüstes immer nur die Kraftrichtungen entsprechend den Schwimmlagen. In den Abb. 197 u. 198 sind die den Lasten zugehörenden senkrechten und wagrechten Hebelarme (a, b) in Bezug auf den König eingetragen.

Belastungszustand I.

Die Gleichgewichtsbedingungen zwischen dem Schub H_u am Haubenfuß und den äußeren Kräften lautet:

$$H_u \cdot h = P \cdot \cos a_1 \cdot a + P \cdot \sin a_1 \cdot b + G_1 \cdot \cos a_1 \cdot a_1 + G_1 \cdot \sin a_1 \cdot b_1$$
$$- G_2 \cdot \cos a_1 \cdot a_2 - G_2 \cdot \sin a_1 \cdot b_2 - Q \cdot \cos a_1 \cdot a_3 - Q \cdot \sin a_1 \cdot b_3$$

oder

$$\frac{H_u \cdot h}{\cos a_1} = P \cdot (a + b \cdot \operatorname{tg} a_1) + G_1 (a_1 + b_1 \cdot \operatorname{tg} a_1) - G_2 (a_2 + b_2 \cdot \operatorname{tg} a_1)$$
$$- Q (a_3 + b_3 \cdot \operatorname{tg} a_1).$$

Belastungszustand IV.

Die Gleichgewichtsbedingung hier ist

$$H_u \cdot h = - G_1 \cdot \cos a_2 \cdot a_1' - G_1 \cdot \sin a_2 \cdot b_1' + G_2 \cdot \cos a_2 \cdot a_2$$
$$+ G_2 \cdot \sin a_2 \cdot b_2 + Q \cdot \cos a_2 \cdot a_3 + Q \cdot \sin a_2 \cdot b_3$$

oder

$$\frac{H_u \cdot h}{\cos a_2} = - G_1 (a_1' + b_1' \cdot \operatorname{tg} a_2) + G_2 (a_2 + b_2 \cdot \operatorname{tg} a_2) + Q (a_3 + b_3 \cdot \operatorname{tg} a_2).$$

Setzt man in beiden Fällen die Werte $H_u \cdot h$ einander gleich, dann ergibt sich eine Beziehung, nach welcher der Ballast Q ermittelt werden kann.

$$P \cdot \cos a_1 (a + b \cdot \operatorname{tg} a_1) + G_1 \cdot \cos a_1 (a_1 + b_1 \cdot \operatorname{tg} a_1)$$
$$- G_2 \cdot \cos a_1 (a_2 + b_2 \cdot \operatorname{tg} a_1) - Q \cdot \cos a_1 (a_3 + b_3 \cdot \operatorname{tg} a_1)$$
$$= - G_1 \cdot \cos a_2 (a_1' + b_1' \cdot \operatorname{tg} a_2) + G_2 \cdot \cos a_2 (a_2 + b_2 \cdot \operatorname{tg} a_2)$$
$$+ Q \cdot \cos a_2 (a_3 + b_3 \cdot \operatorname{tg} a_2).$$

Man erhält:

$$Q = \frac{P \cdot \cos a_1 (a + b \cdot \operatorname{tg} a_1) + G_1 \{\cos a_1 (a_1 + b_1 \cdot \operatorname{tg} a_1) + \cos a_2 (a_1' +}{\cos a_1 (a_3 + b_3 \cdot \operatorname{tg} a_1) +}$$
$$\frac{+ b_1' \cdot \operatorname{tg} a_2)\} - G_2 \{\cos a_1 (a_2 + b_2 \cdot \operatorname{tg} a_1) + \cos a_2 (a_2 + b_2 \cdot \operatorname{tg} a_2)\}}{+ \cos a_2 (a_3 + b_3 \cdot \operatorname{tg} a_2)}$$

Es mögen für eine Berechnung einmal folgende Zahlen angenommen werden

$$P = 200\,\text{t} \quad G_1 = 150\,\text{t} \quad G_2 = 400\,\text{t} \quad Q = ?$$
$$h = 20\,\text{m}$$

$$a = 40\,\text{m} \quad a_1 = 17\,\text{m} \quad a_2 = 3,6\,\text{m} \quad a_3 = 11,3\,\text{m}$$
$$b = 18\,\text{m} \quad b_1 = 13\,\text{m} \quad b_2 = 7,5\,\text{m} \quad b_3 = 16,0\,\text{m}$$

$$a_1' = 8\,\text{m} \quad a_1 = 5^0 \quad \cos a_1 = 0,99619 \quad \operatorname{tg} a_1 = 0,08749$$
$$b_1' = 18\,\text{m} \quad a_l = 4^0 \quad \cos a_2 = 0,99756 \quad \operatorname{tg} a_2 = 0,06993.$$

Die obige Formel liefert:

$$Q = \frac{8285 + 4095 - 3342}{25,03} = \frac{9038}{25,03} = \infty\, 362\,\text{t}.$$

Setzt man diesen Wert in eine der beiden Gleichungen für H ein, dann ergibt sich

$$H = \infty\, 236\,\text{t}.$$

Es würde den Raum des Buches zu sehr in Anspruch nehmen, wollten wir die Berechnung des Krangerüstes in aller Ausführlichkeit verfolgen. Es möge genügen, zwei Hauptstellungen des Auslegers in Betrachtung zu ziehen und dann auch nur für die Belastung durch P, weil die Wirkung des Eigengewichts und des Windes nicht wesentlich anders ist. Vergleiche die Kräftepläne beim vorhergehenden Beispiel.

Belastungszustand I. Abb. 193. Schwimmlage $a = 5^0$ nach vorne.

Die Last P hängt in acht Strängen, wovon zwei durch das Hubwerk angezogen werden. Der Anzug je zweier Seilstränge beträgt $2\,Z$. Wir tragen nach Abb. 196 die Last P, oder was dasselbe ist, die Kräfte $4 \cdot 2\,Z$ in Richtung entsprechend der Schwimmlage $a = 5^0$ auf. Zugleich wirkt an der Schnabelrolle der Anzug $2\,Z$ der Hubseile. Sämtliche Kräfte liefern eine Mittelkraft R_I, angreifend in der Achse der Rollen. Ferner wird der Ausleger an der Stelle der Überleitrolle durch eine Kraft R_{II}, belastet, die die Mittelkraft aus den Anzügen $2\,Z$ der Hubwerkstränge bildet. Die äußere Belastung, soweit sie den Ausleger betrifft, besteht also aus den Kräften R_I und R_{II}. Ein einfacher Cremonaplan würde mit leichter Mühe die Spannkräfte des Systems wie auch den Druck K auf den Drehpunkt ergeben, ferner fänden sich der Spindelzug S und der Spindelwagendruck S_d. In dem Plan Abb. 196 wurden, um die unmittelbarere Auffindung der Werte K, L, S und S_d zu zeigen, die Fachwerkstäbe bis zu den Knoten a und c übersprungen. Man ermittelt mit Hilfe eines Krafteckes (Pol O) und einem Seileck die Lage und Richtung der Mittelkraft R_0 aus den beiden Lasten R_{I} und R_{II}. Siehe auch Abb. 193. Das Seileck wurde durch Schraffur hervorgehoben. Bringt man die Stabrichtung O_3 zum Schnitt s mit der Mittelkraft R_0 und zieht von hier eine Gerade nach dem Drehpunkt c, so liefert diese die Richtung eines Druckes K_1 auf den Drehpunkt, den der Auslegerteil $e — a — c$ hervorruft. Die Größe des Druckes K_1 und die Stabkraft O_3 ergeben sich durch Zerlegung von R_0 nach den beiden Richtungen.

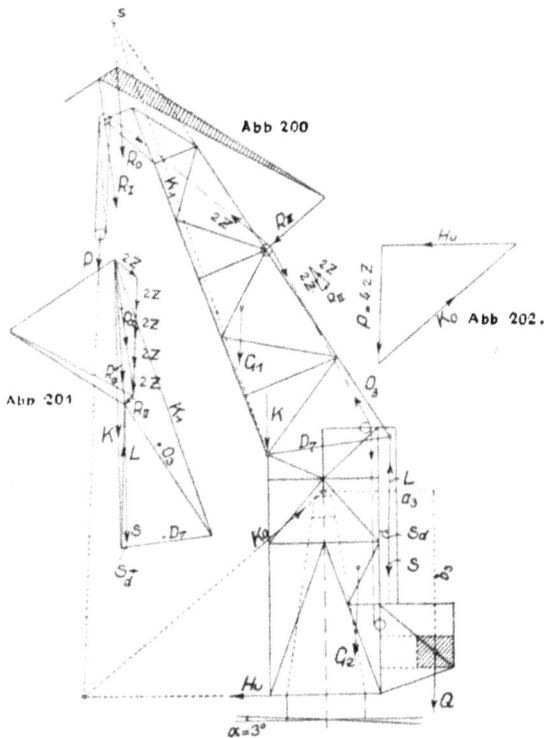

Durch weitere Zerlegung der Stabkraft O_3 finden sich dann der Lenkerzug L und die Stabkraft D_7. Diese in Zusammenwirkung mit K_1 liefert schließlich den wahren Druck K auf den Drehpunkt. Ebenso finden sich durch Zerlegung der Lenkerkraft L in die entsprechenden Richtungen der Spindelzug S und der Seitendruck S_d gegen den Spindelwagen.

Wenngleich der Widerlagerdruck K_0 am König und der Schub H_u am Haubenfuß erst später bei Untersuchung der Haube usw. interessieren, so möge doch schon jetzt auf die Ermittlung derselben hingewiesen werden. Man könnte die Größen in umständlicher Weise aus den Kräften K, L und dem Anzug der Hubseile an der Rolle am Haubenkopf herleiten. Einfacher geht man von der Last P aus. Man bringt sie zum Schnitt t mit der Richtung des Schubes am Haubenfuß und zieht von hier eine Gerade nach dem König, die die Richtung des Widerlagerdrucks an dieser Stelle angibt. Im Plan Abb. 199 sind sodann die gesuchten Größen K_0 und H_u durch Zerlegung in die entsprechenden Richtungen aufgerissen.

Belastungszustand IV. Abb. 200. Schwimmlage $a = 3^0$ nach vorne.

Die Schwimmlage beträgt in diesem Falle tatsächlich $a = 0^0$; zum Zwecke der Übung des Kräftespiels möge jedoch mit der oben angeschriebenen Neigung gerechnet werden. Der Kräfteplan Abb. 201 liefert wie vorher den Druck K, den Lenkerzug ,die Spindelspannung und den Druck gegen den Spindelwagen. Im Plan Abb. 202 wurden wieder die Größen K_0 und H_u zeichnerisch ermittelt.

Beim Beispiel 16 wurde die Stabilität des Auslegersystems gegen seitliche Kräfte einer eingehenden Kritik unterworfen. Hier ist die Sachlage dieselbe: Das System wird gebildet durch die beiden Hauptwände, einem Verband in der Untergurtebene und den Querrahmen. Es wird wieder die Einführung eines festen Fachwerkklotzes, wie er in der Abb. 193 durch starke Striche angedeutet wurde, als notwendig angesehen. Richtet man sein Augenmerk weiter auf die Angriffspunkte d der Lenker, so findet man auch hier eine Stelle, die der besonderen Prüfung würdig erscheint. Man beachte, daß die Punkte wegen ihres Übertretens über die Haube bei eingezogenem Ausleger nicht durch regelrechte Querkonstruktionen irgendwohin festgelegt werden können. Sie befinden sich in Querrichtung in einem labilen Gleichgewicht. Denkt man sie seitlich aus ihrer Lage gedrückt, was mit geringer Kraft erfolgen kann, so streben sie zwar pendelartig wieder zurück, aber diese Labilität ist von Übel und kann Ursache ernster Gefährnisse für das Bauwerk sein. Eine Seitwärtsbewegung der Punkte ist leicht möglich infolge Massenträgheit bei drehendem Kran. Es liegt auf der Hand, daß damit in erster Linie der Druckstab D_7 schädlich beeinflußt wird, indem er Biegungen erleidet, die seinen Knickwiderstand herabmindern. Bei erheblich starker Seitwärtsbewegung der Punkte besteht unter Umständen sogar Gefahr für den fraglichen Stab. Anlaß zu größeren Querverschiebungen der bezeichneten Stellen ist gegeben, wenn der bewußte Fachwerkklotz im Auslegersystem fehlt und dann Seitenkräfte infolge Wind,

Schrägzug der Last und Massenbewegung auftreten oder gar die Spindeln ungleichmäßig anziehen. Man muß den mehr oder weniger großen Gefahren besonders des Stabes D_7 selbst bei Vorhandensein des Fachwerksklotzes mit aller Gewissenhaftigkeit Rechnung tragen. Nähere Ausführungen über die Deformation des Auslegersystems unter den verschiedensten Umständen wurden beim vorhergehenden Beispiel gegeben. Aus dieser Einfühlung in die Vorgänge heraus lassen sich leicht zweckmäßige Anordnungen zur Erhaltung der Sicherheit der Konstruktion treffen.

Die Haube zeigt wieder nach allen Seiten das K-System, welches den Zweck hat, eine bestimmte Verteilung des Schubes H auf den Ring herbeizuführen. Die Verteilung ist nicht wie früher gleichmäßig, und zwar infolge des angehängten Anbaues nicht, der das Gegengewicht und die Antriebe trägt. Die Breitseiten der Haube werden zur Hauptsache bei den Hauptbelastungszuständen in Anspruch genommen. Der in den Plänen Abb. 199 u. 202 ermittelte Widerlagerdruck K_0 am König und der Schub H_u am Haubenfuß stehen mit den Kräften K und L und dem Seilanzug an der Rolle am Haubenkopf im Gleichgewicht. Die Größen resultieren nur aus dem Ausleger und erfahren eine Änderung infolge der Wirkung der Lasten G_2 und Q. Man ermittelt die diesen Lasten zugehörenden Größen K_0 und H_u nach dem Beispiel für die Last P. Sämtliche Einzelgrößen an den bezeichneten Stellen werden sodann zusammengesetzt, wonach mittelst eines einfachen Cremonaplanes die Ermittlung der Spannkräfte des Systems erfolgt. Hierbei ist zu bemerken, daß die Seilzüge sowohl der oberen wie der unteren Rolle in eine systematische Beziehung zu den Knoten des Fachwerks gebracht werden müssen. Man könnte hier, um das Prinzip anzudeuten, und wie es bezüglich der unteren Rolle durch eine starkpunktierte Linie angedeutet ist, ideelle Balken eingeschaltet denken. Im übrigen jedoch hängt die Einfügung der Seilzüge in das System von den Einzelheiten der konstruktiven Anordnung ab. Dasselbe gilt für den Spindelzug und den Seitendruck des Spindelwagens. Die früheren Pläne Abb. 162 u. 164 mögen eine Anleitung zu der hier vorzunehmenden Spannungsermittlung des Gerüsts geben.

Jenes Beispiel 15 gibt auch Aufschluß über die Wirkungsweise des Königs und zeigt ferner, wie die Berechnung der festen Säule erfolgt. Ein Unterschied besteht hier nur in dem Umstand, daß die Säule infolge der Schwimmlagen jeweils geneigte Stellungen einnimmt. Im weiteren geben die früheren Beispiele Aufschluß über

die Berechnung des Druckringes für die verschiedensten Belastungszustände.

Eine eingehende Betrachtung erheischt die Inanspruchnahme
des Haubengerüstes bei seitlichen, insbesondere gegen den Ausleger
gerichteten Kräften. In Betracht kommen Wind, Schrägzug der Last,
Massenbewegung beim Drehen des Kranes und schließlich noch Stoß,
wenn der Ponton beim Wenden durch Anstoß eine Hemmung erfährt.
Näheres über die Art und die Gewinnung dieser Kräfte wurde in
den vorhergegangenen Beispielen weitgehendst mitgeteilt.

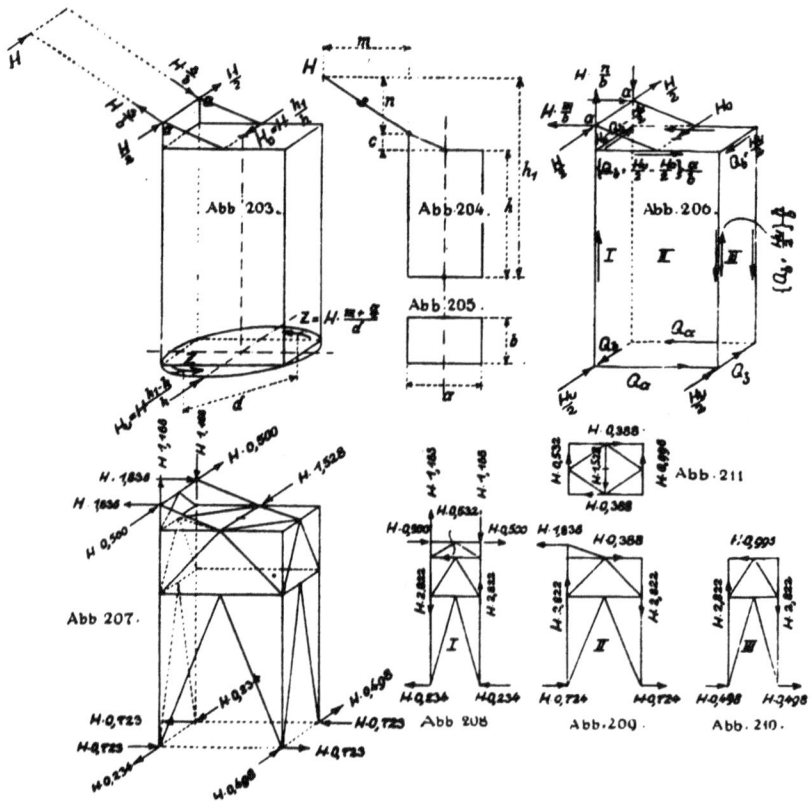

An irgendeiner Stelle des Auslegers möge die wagerechte Kraft H
angreifen. Es wird vorausgesetzt, daß das Auslegersystem durch
einen Fachwerkklotz in sich steif gemacht ist, so daß die Spindeln
bzw. die Lenker spannungslos bleiben. Der Belastungszustand der
Haube ist durch die Raumskizze Abb. 203 veranschaulicht. An
Stelle des Auslegers ist der Ersatzstab s eingeführt. In der Abb. 204
wurden die in Benutzung genommenen Bezeichnungen angegeben.

Die Kraft H erzeugt zunächst einen Schub am König

$$H_0 = H \cdot \frac{h_1}{h}$$

und einen am Haubenfuß

$$H_u = H \cdot \frac{h_1 - h}{h}.$$

Der letztere wird durch den Ring zur Hälfte auf jeder Schmalseite der Haube übertragen. Zwecks Vereinfachung der Aufgabe wird angenommen, daß der Schub am König in der Kopfebene der Haube liegt.

Die Kraft H verursacht ferner ein Moment

$$M = H \cdot \left(m + \frac{a}{2} \right),$$

welches seine Reaktion in den Zahndrucken findet. Es ist

$$H \left(m + \frac{a}{2} \right) = Z \cdot d.$$

Hiernach

$$Z = H \cdot \frac{m + \dfrac{a}{2}}{d}.$$

Die Reaktion $Z \cdot d$ wird durch den Druckring auf die vier Hauben-wände übertragen. Es fragt sich, welchen Anteil erhält jede Wand. Die Anteile je zweier paralleler Wände sind einander gleich. Die Breit-seiten erhalten den Schub Q_a, die Schmalseiten Q_b. Man kann die Größen aus der Bedingung herleiten, daß die Längsschübe in den Eckpfosten der Haube, die jeweils an den einzelnen Wänden hervor-gerufen werden, einander gleich sind. Siehe Abb. 206. In dieser Skizze sind in den Auslegerstützpunkten an Stelle der Drucke in Rich-tung der Geraden s die entsprechenden wagerechten und senkrechten Seitenkräfte eingeführt. Wir betrachten einmal den vorderen rech-ten Eckpfosten. Die Schübe Q_b und $\dfrac{H_u}{2}$ am Fuße der Schmalseite III suchen die Wand zu drehen. Zum Gleichgewicht gehören am Kopf der Wand dieselben Schübe, nur entgegengesetzt. Ferner noch ein Kräftepaar

$$\left(Q_b + \frac{H_u}{2} \right) \cdot \frac{h}{b}$$

an den Längskanten. Der Schub $Q_b + \frac{H_u}{2}$ am Kopf der Wand sucht auch die wagerechte Deckenscheibe zu drehen. Ebenso der Schub H_0. Das Gleichgewicht derselben bedingt ein Kräftepaar an den Längsseiten

$$\left(Q_b + \frac{H_u}{2} - \frac{H_0}{2}\right) \cdot \frac{a}{b}$$

und den entsprechenden Gegenschub links

$$H_0 - Q_b - \frac{H_u}{2}.$$

Das Kräftepaar belastet die obere Kante der Wand II. Die Wand wird also von drei Kräften angegriffen, es sind das der oben genannte Schub

$$\left(Q_b + \frac{H_u}{2} - \frac{H_0}{2}\right) \cdot \frac{a}{b},$$

ferner im Punkte a die wagerechte Seitenkraft

$$H \cdot \frac{m}{b}$$

und schließlich am Fuß der Schub Q_a. Zum Gleichgewicht gehört ein Kräftepaar in den senkrechten Längswänden. Dieses Kräftepaar soll gleich dem Kräftepaar sein, welches an der Wand III wirkt. Wir denken uns die obere Kante der Wand gedreht und schreiben folgende Bedingung an:

$$Q_a \cdot h + H \cdot \frac{m}{b} \cdot c = \left(Q_b + \frac{H_u}{2}\right) \cdot \frac{h}{b} \cdot a.$$

Die zweite Bedingung lautet:

$$Q_a \cdot b + Q_b \cdot a = H\left(m + \frac{a}{2}\right)$$

Die beiden Gleichungen liefern die gewünschten Schubanteile der Haubenwände. Man erhält

$$Q_a = \frac{H}{2 \cdot b \cdot h}\left\{h\left(m + \frac{a}{2}\right) + \frac{a}{2}(h_1 - h) - m \cdot c\right\}$$

und

$$Q_b = \frac{H}{2 \cdot a \cdot h}\left\{h\left(m + \frac{a}{2}\right) - \frac{a}{2}(h_1 - h) + m \cdot c\right\}$$

Aus der Bedingung, daß die Summe aller wagerechten Kräfte an der Wand gleich Null sein muß, läßt sich die Richtigkeit der obigen Formeln nachprüfen.

$$Q_a + \left(Q_b + \frac{H_u}{2} - \frac{H_0}{2}\right)\frac{a}{b} - H \cdot \frac{m}{b} = 0.$$

Bei Einführung der Werte für Q_a und Q_b ergibt sich, daß es stimmt:

Es mögen einmal folgende Zahlen angenommen werden:

$$\begin{array}{llll} h_1 = 26 \text{ m} & m = 11 \text{ m} & a = 10 \text{ m} & \\ h = 17 \text{ m} & n = 7 \text{ m} & b = 6 \text{ m.} & c = 2 \text{ m} \end{array}$$

Dann berechnet sich:

$$H_0 = H \cdot \frac{h_1}{h} = H \cdot \frac{26}{17} = H \cdot 1{,}528$$

$$H_u = H \cdot \frac{h_1 - h}{h} = H \cdot \frac{9}{17} = H \cdot 0{,}528$$

$$\frac{H_u}{2} = H \cdot \frac{0{,}528}{2} = H \cdot 0{,}264$$

$$H \cdot \frac{m}{b} = H \cdot \frac{11}{6} = H \cdot 1{,}836$$

$$H \cdot \frac{n}{b} = H \cdot \frac{7}{6} = H \cdot 1{,}166$$

$$Q_a = \frac{H}{2 \cdot 6 \cdot 17}\{17 \cdot 16 + 5 \cdot 9 - 11 \cdot 2\}$$

$$= \frac{H}{204} \cdot \{272 + 45 - 22\} = H \cdot 1{,}446$$

$$Q_b = \frac{H}{2 \cdot 10 \cdot 17}\{17 \cdot 16 - 5 \cdot 9 + 11 \cdot 2\}$$

$$= \frac{H}{340} \cdot \{272 - 45 + 22\} = H \cdot 0{,}732.$$

Infolge des *K*-Systems an der Haube verteilen sich die Schübe jedesmal zur Hälfte auf jeden Pfostenfuß. Es ergeben sich die in der Abb. 207 eingetragenen Belastungen. Bei Ermittlung der Stabkräfte des Raumfachwerkes betrachtet man zweckmäßig jede Wand für sich. Siehe die Abb. 208, 209, 210 u. 211.

Wand III. Die Schübe an den Füßen sind $H \cdot 0{,}498$. Derselbe Schub wirkt als Reaktion am Kopf der Wand. Zum Gleichgewicht gehört das senkrecht gerichtete Kräftepaar

$$H \cdot 0{,}996 \cdot \frac{h}{b} = H \cdot 0{,}996 \cdot \frac{17}{6} = H \cdot 2{,}822.$$

Kopfscheibe. Der Schub rechts ist $H \cdot 0{,}996$. In der Mitte wirkt entgegengesetzt der Schub am König $H \cdot 1{,}528$. Die Kräfte bedingen links die Reaktion $H \cdot 1{,}528 - H \cdot 0{,}996 = H \cdot 0{,}532$. Ferner ist ein Kräftepaar erforderlich von der Größe

$$H \cdot 0{,}996 \cdot \frac{a}{b} - H \cdot 1{,}528 \cdot \frac{h}{2 \cdot b}$$

$$= H \cdot 0{,}996 \cdot \frac{10}{6} - H \cdot 1{,}528 \cdot \frac{10}{2 \cdot 6} = H \cdot 0{,}388.$$

Wand II. Die Schübe an den Füßen betragen $H \cdot 0{,}724$. Am Kopf greift an der Schub vom Kräftepaar der Kopfscheibe $H \cdot 0{,}388$. Ferner wirkt oben links die wagerechte Seitenkraft des Auslegerdruckes nämlich $H \cdot 1{,}836$. Das Gleichgewicht bedingt folgendes senkrechtes Kräftepaar:

$$H \cdot 1{,}836 \cdot \frac{c}{a} + H \cdot 1{,}448 \cdot \frac{h}{a}$$

$$= H \cdot 1{,}836 \cdot \frac{2}{10} + H \cdot 1{,}448 \cdot \frac{17}{10} = H \cdot 2{,}822.$$

Die Summe der wagerechten Schübe muß gleich Null sein. $H \cdot 1{,}836 - H \cdot 0{,}388 - H \cdot 1{,}448 = 0$.

Wand I. Die Schübe an den Füßen sind $H \cdot 0{,}234$. In Höhe der wagerechten Scheibe wirkt die Reaktion derselben $H \cdot 0{,}532$. Ganz oben liegen die Schübe vom Ausleger $H \cdot 0{,}500$. In denselben Punkten greifen auch die senkrechten Seitenkräfte der Auslegerdrucke an $H \cdot 1{,}166$. Sämtliche Kräfte erfordern das senkrechte Kräftepaar:

$$H \cdot 0{,}468 \cdot \frac{h}{b} + H \cdot \frac{c}{b} + H \cdot 1{,}166$$

$$= H \cdot 0{,}468 \cdot \frac{17}{6} + H \cdot \frac{2}{6} + H \cdot 1{,}166 = H \cdot 2{,}822.$$

Die Summe aller wagerechten Schübe muß wieder gleich Null sein: $H - H \cdot 0{,}532 - H \cdot 0{,}468 = 0$.

Man sieht, daß bei allen Scheiben die an den senkrechten Längskanten wirkenden Schübe einander gleich sind, entsprechend der statischen Bedingung und der Voraussetzung unserer Rechnung.

Es ist nun leicht, mittelst einfacher Kräftepläne die Stabkräfte jeder Wand zu bestimmen.

Die Untersuchung ergibt, daß das Haubensystem in dieser Ausführung, also als geschlossener hohler Kasten, bestehend aus den vier Seitenwänden, der Decke und der unteren Ringscheibe, gerade noch in sich stabil ist gegen drehende Kräfte. Das bedingt, daß die Aufgabe statisch bestimmbar ist. Bei Fortfall einer der Seitenwände, z. B. der Schmalseite rechts, würde das System verschieblich, somit unbrauchbar sein.

An Hand des vorliegenden Falles läßt sich den Hauben anderer Krantypen mit leichter Mühe beikommen. Es empfiehlt sich, hiernach auch die Hauben der Hammerkrane in früheren Beispielen genauer zu berechnen. Es wurden an jenen Stellen vereinfachende

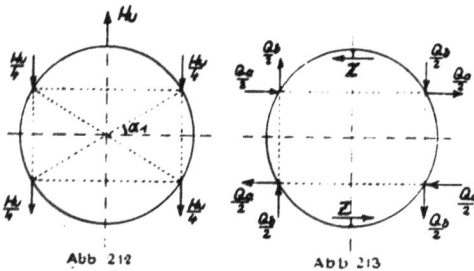

Abb. 212   Abb. 213

Annahmen hinsichtlich der Verteilung des Drehmomentes auf die Haubenwände gemacht. Die Verteilung hängt streng genommen davon ab, in welcher Weise der Kranausleger mit der Haube verbunden ist. Man sollte die Verbindung so herstellen, daß die Verteilung wie beim obigen Beispiel nach statisch bestimmten Gesetzen erfolgt. Es möge noch bemerkt werden, daß die Inanspruchnahme, die die Haube infolge der drehenden Kräfte erleidet, unter Umständen ganz erheblich sein kann.

Die Berechnung des Ringes für diesen Belastungszustand bietet nichts Neues. Man betrachtet nach den Abb. 212 u. 213 die Belastung durch den Schub H_u getrennt von der Belastung durch das Drehmoment. Der erste Fall wurde unter Beispiel 11 (vgl. Abb. 83) ausführlich behandelt. Man braucht nur an jener Stelle statt H_u die Größe $4P$ und den Winkel $a_2 = 90^0$ zu setzen, um die dort gebrachten Formeln ohne weiteres benutzen zu können. Unter demselben Beispiele wurde auch der zweite Fall eingehend dargelegt. Vgl. Abb. 95.

Die Berechnung der Schwimmlagen des Pontons erfolgt näherungsweise nach dem vorhergegangenen Beispiel. Die größten Neigungen treten ein bei Querstellung des Auslegers. Es ist zu beachten, daß der Kran hinsichtlich der Längsrichtung des Pontons nicht in der Mitte desselben sondern einseitig stehen kann. Man rückt ihn meistens ziemlich nahe an die Außenkante, um darüber hinaus möglichst weit ausladen zu können. Behält man im Auge, daß es uns immer nur auf näherungsweise Ermittlung der Schwimmlagen ankommt, so läßt sich sagen, daß die Querneigung nur wenig durch die einseitige Anordnung des Kranes beeinflußt wird. Man betrachtet einfach den Querschnitt in Querrichtung und führt die Lasten ein, ohne Rücksicht darauf, daß der Ponton zugleich auch in Längsrichtung neigt. Als Trägheitsmoment des Pontonquerschnitts kommt in Betracht

$$J = \frac{l \cdot b^3}{12}.$$

Die streng genaue Berechnung der Schwimmlagen eines in bezug auf beide Achsen einseitig belasteten Pontons stellt ein außerordentlich schwieriges Problem dar und liefert Formeln, die wegen ihres Umfanges praktisch kaum verwendet werden können.

Zur Berechnung von Schwimmkranpontons.

Es gibt zwei Hauptausführungsformen von Schwimmkranpontons Die eine besteht in parallellaufenden Längsträgern mit kopfabschließenden Querträgern, bei der andern sind außerdem noch Zwischenquerträger angeordnet. In allen Fällen bilden die Längs- und Querträger das Hauptsystem des Tragwerks. Die Auftriebskräfte des Wassers werden durch eine Reihe von Spanten, die in der Regel quer zur Längsrichtung liegen, auf die Längsträger übertragen. Ihre Höhe ist so gering gegenüber der Höhe der Hauptträger, daß ihr Einfluß auf die grundsätzlichen statischen Vorgänge am Hauptsystem keine Rolle spielt und vernachlässigt werden kann.

Bestimmend für die statische Wirksamkeit des Hauptsystems ist die Frage, ob das Tragwerk senkrecht zur wagerechten Ebene ein verschiebliches oder ein biegungssteifes Gebilde darstellt. Im ersten Falle kommen andere Auftriebskräfte des Wassers zustande als im zweiten. Dies möge an einem einfachen Prinzipbeispiel kurz dargelegt werden.

Abb. 214. Es wird angenommen, daß der Ponton an den vier Ecken auf einzelnen Schwimmkörpern von gleichen Dimensionen ruht. Gesucht sind die Auflagerdrucke bzw. die Auftriebskräfte A, B, C und D. Belastung des Tragwerks einseitig durch P.

1. System senkrecht zur wagrechten Ebene verschieblich.

Die fraglichen Drucke lassen sich an Hand der Abb. 215 auf Grund der einfachen Hebelgesetze ohne weiteres anschreiben:

$$A = P \cdot \frac{\frac{m}{2} + \frac{a}{2}}{m} \cdot \frac{\frac{n}{2} + \frac{c}{2}}{n} = \frac{P}{4} \cdot \left(1 + \frac{a}{m}\right)\left(1 + \frac{c}{n}\right)$$

$$B = P \cdot \frac{\frac{m}{2} - \frac{a}{2}}{m} \cdot \frac{\frac{n}{2} + \frac{c}{2}}{n} = \frac{P}{4} \cdot \left(1 - \frac{a}{m}\right)\left(1 + \frac{c}{n}\right)$$

$$C = P \cdot \frac{\frac{m}{2} - \frac{a}{2}}{m} \cdot \frac{\frac{n}{2} - \frac{c}{2}}{n} = \frac{P}{4} \cdot \left(1 - \frac{a}{m}\right)\left(1 - \frac{c}{n}\right)$$

$$D = P \cdot \frac{\frac{m}{2} + \frac{a}{2}}{m} \cdot \frac{\frac{n}{2} - \frac{c}{2}}{n} = \frac{P}{4} \cdot \left(1 + \frac{a}{m}\right)\left(1 - \frac{c}{n}\right).$$

Alle Drucke sind für jede Laststellung innerhalb der Tragflächen positiv.

Die Formeln ergeben sich auch auf Grund der vier Teilbelastungen I, II, III und IV. (Abb. 216, 217, 218 und 219.)

2. System senkrecht zur wagrechten Ebene biegungssteif.

Die statische Sachlage tritt außerordentlich klar zutage, wenn man die Belastung P in die vier Teilbelastungen I, II, III und IV der Abb. 216, 217, 218 und 219 umordnet. Die vier Teilbelastungen zusammen ergeben wieder die Grundbelastung durch P. Infolgedessen setzen sich die tatsächlichen Auflagerdrucke A, B, C und D zusammen aus den Drucken der einzelnen Teilbelastungen.

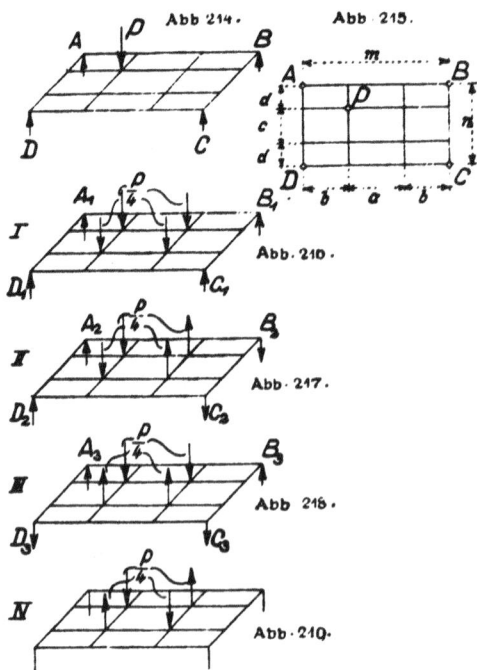

Abb 214.

Abb 215.

Abb. 216.

Abb. 217.

Abb. 218.

Abb. 219.

Die Drucke bei den Teilbelastungen I, II und III sind statisch bestimmbar. Man hat

bei I

$$A_1 = B_1 = + \frac{P}{4}$$

$$C_1 = D_1 = + \frac{P}{4}$$

bei II

$$A_2 = D_2 = + \frac{P}{4} \cdot \frac{a}{m}$$

$$B_2 = C_2 = - \frac{P}{4} \cdot \frac{a}{m}$$

bei III

$$A_3 = B_3 = + \frac{P}{4} \cdot \frac{c}{n}$$

$$C_3 = D_3 = - \frac{P}{4} \cdot \frac{c}{n}.$$

Erst bei der Teilbelastung IV zeigt sich der Einfluß der Biegungssteifigkeit des Tragwerks. Hier sind die Drucke A, B, C und D von
dem statischen Verhalten der Konstruktion abhängig

$$A_4 = C_4 = +X$$
$$B_4 = D_4 = -X.$$

Je nach den Verhältnissen ist die Ermittlung der statisch unbestimmten Größe mehr oder weniger schwierig. Ein besonderer
Umstand jedoch enthebt uns der Mühe, eine Berechnung nach dieser
Richtung durchzuführen. Wir sehen nämlich, daß die Elastizität
des Tragsystems gegenüber der großen Nachgiebigkeit der Auflagerpunkte verschwindend gering ist, woraus geschlossen werden muß, daß
nur ganz unwesentliche Stützkräfte in die Erscheinung treten. Man
ist berechtigt, anzunehmen, daß überhaupt keine Auflagerdrucke zustande kommen, daß vielmehr die Konstruktion lediglich von den
belastenden Kräften $\dfrac{P}{4}$ in Anspruch genommen wird. Streng genommen bedeutet diese Annahme die Voraussetzung vollkommener
Starrheit der Konstruktion gegenüber vollkommener Nachgiebigkeit
der Auflagerpunkte. Tatsächlich kommen die Verhältnisse diesem
Zustande sehr nahe.

Auflagerdrucke liefern somit nur die ersten drei Teilbelastungen.
Wir erhalten, indem wir jeweils die Drucke aus den Teilbelastungen
der Reihe nach zusammensetzen:

$$A = \frac{P}{4} + \frac{P}{4} \cdot \frac{a}{m} + \frac{P}{4} \cdot \frac{c}{n} = \frac{P}{4}\left(1 + \frac{a}{m} + \frac{c}{n}\right)$$

$$B = \frac{P}{4} - \frac{P}{4} \cdot \frac{a}{m} + \frac{P}{4} \cdot \frac{c}{n} = \frac{P}{4}\left(1 - \frac{a}{m} + \frac{c}{n}\right)$$

$$C = \frac{P}{4} - \frac{P}{4} \cdot \frac{a}{m} - \frac{P}{4} \cdot \frac{c}{n} = \frac{P}{4}\left(1 - \frac{a}{m} - \frac{c}{n}\right)$$

$$D = \frac{P}{4} + \frac{P}{4} \cdot \frac{a}{m} - \frac{P}{4} \cdot \frac{c}{n} = \frac{P}{4}\left(1 + \frac{a}{m} - \frac{c}{n}\right).$$

Während bei System 1 alle Drucke positiv sind, solange die Last
P innerhalb der Tragfläche bleibt, treten bei System 2 negative
Drucke auf, wenn die Last mehr oder weniger einseitig angreift.
Beispielsweise wechselt C die Richtung (wird also negativ), wenn man
setzt

$$C = 0 = \frac{P}{4}\left(1 - \frac{a}{m} - \frac{c}{n}\right).$$

Nimmt man c als unveränderlich an, dann erhält man

$$a = m\left(1 - \frac{c}{n}\right).$$

Oder umgekehrt, wenn a unveränderlich bleibt, hat man

$$c = n\left(1 - \frac{a}{m}\right).$$

Überschreitet die Last vorstehende Lagen, dann wird C negativ.

Die vorausgesetzte Biegungssteifigkeit ist bei einem Schwimm-kranponton nun tatsächlich vorhanden. Sie wird herbeigeführt durch die Blechüberdeckungen, die sowohl in der oberen, wie in der unteren Trägerebene aufgenietet sind; Deck- und Bodenhaut.

Zu bemerken ist noch, daß infolge einseitiger Belastung der Ponton sich schrägstellt, und daß diese Schrägstellung durch geeigneten Gegenballast in mäßigen Grenzen gehalten wird. Die Wirkung des Ballastes wird für sich untersucht; das Verfahren ist dasselbe wie bei der Last P. Beide Ergebnisse werden nachher zusammengesetzt. Schließlich möge noch beachtet werden, daß das Eigengewicht des Tragwerks keine wesentlichen Beanspruchungen an der Konstruktion hervorruft, da es ziemlich gleichmäßig verteilt ist und ihm der Auftrieb des Wassers allenthalben unmittelbar entgegenwirkt.

Beispiel 18. Ein Schwimmkranponton nach Abbildung 220.

Das Hauptsystem wird gebildet durch vier Längsträger und sechs Querträger. Die Träger werden als durchgehende Balken angesehen, wozu der Umstand berechtigt, daß sie an den Kreuzungsstellen fest miteinander verbunden sind. Die Annahme stützt sich im weiteren auf die sichere Überdeckung der Stoßstellen durch Laschen, bzw. durch das Bodenblech und die Deckhaut. Nebenkonstruktionen, wie Zwischenspanten usw. sollen, wie eingangs dargelegt, auf die Wirkungsweise des Hauptsystems keinen Einfluß haben. Die Zwischenspanten mögen parallel zu den Hauptquerträgern gerichtet sein.

Die Kransäule ist einseitig in bezug auf die Längsachse des Pontons angeordnet, und stützt sich in den Punkten 1, 2, 3 und 4 auf das Tragwerk. Sie gibt die Drucke P_1, P_2, P_3 und P_4 ab, die sämtlich als positiv gerichtet angenommen werden. Der Ponton ist rechteckig und symmetrisch ausgebildet.

Das Tragwerk stellt eine achtfach innerlich statisch unbestimmte Aufgabe dar.

Irgendwelche Annahmen, die sonst bei hochgradigen Unbestimmtheiten eine Vereinfachung der Rechnung herbeizuführen geeignet
sind, können hier nicht gemacht werden. Versuche nach dieser Richtung würden im glücklichsten Falle nicht einmal zu einigermaßen
brauchbaren Näherungen führen. Man ist gezwungen, mit dem System,
wie es nun einmal gegeben ist, zu rechnen.

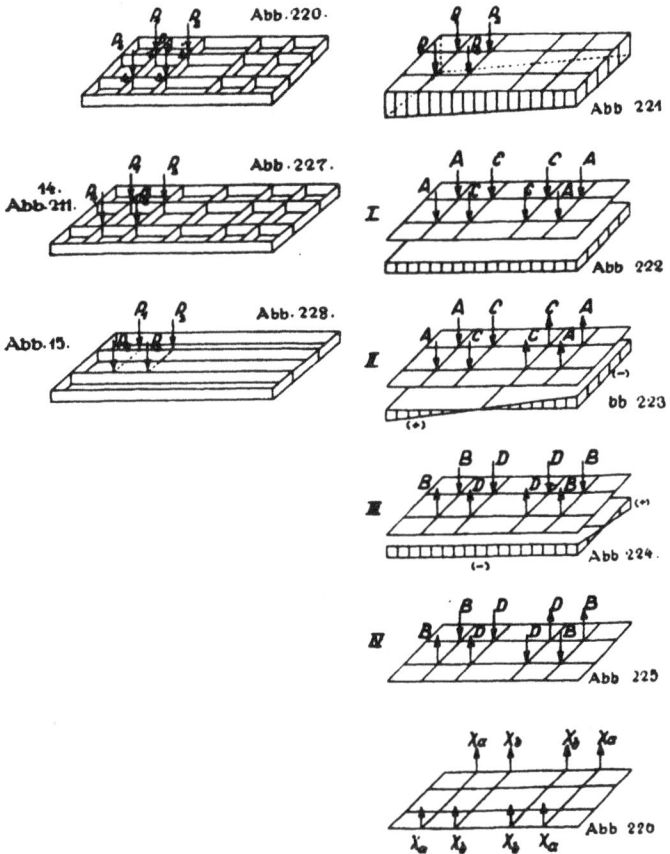

Sämtliche Hauptträger sind als Blechbalken durchgebildet.

Nach dem üblichen Verfahren liefert die Rechnung acht Elastizitätsgleichungen mit acht Unbekannten. Der Weg ist jedoch praktisch nicht gangbar, weil er ungeheure Opfer an Zeit und Mühe kostet.
Man erzielt eine ungemeine Vereinfachung, wenn man das Verfahren
der Belastungsumordnung anwendet. Wir zerlegen die Kräfte P_1
bis P_4 in eine Reihe von Teilbelastungen, und zwar so, daß jeder
derselben einen symmetrischen Belastungszustand in bezug auf

die Hauptachsen des Tragwerks bildet. Im weiteren hat man darauf zu achten, daß bei den einzelnen Teilbelastungen möglichst wenig statische Unbestimmtheiten erscheinen, und daß die Unbekannten möglichst unabhängig voneinander werden. Die Teilbelastungen zusammengesetzt ergeben wieder die ursprüngliche Belastung durch P.

In den Abb. 222, 223, 224 und 225 sind die zum Ziel führenden Teilbelastungen I, II, III u. IV aufgezeichnet. Es sei angenommen, daß die Kräfte P_1 und P_2 größer sind als P_3 und P_4.

Als unbekannte Größen werden zweckmäßig die Reaktionen der Endpunkte der Querträger an den Außenlängsträgern eingeführt. Vgl. die Abb. 226. Bei jedem der vier Belastungszustände erscheinen jedesmal nur zwei unbekannte Größen X_a und X_b. Man hat somit erreicht, daß die acht statisch unbestimmten Größen paarweise unabhängig voneinander geworden sind. Dazu kommt der Vorteil, daß wegen der Symmetrie der einzelnen Belastungszustände die Ermittlungen sich jedesmal nur über ein einziges Viertel des Tragwerks erstrecken.

Man ermittelt in der Folge für jeden Belastungszustand die zugehörigen Größen X_a und X_b und im weiteren die Momente, Querkräfte usw. des Tragwerks. Die Einzelergebnisse werden sodann zusammengeworfen, so daß man in den Schlußzahlen die gewünschten Endresultate erhält.

Ein besonderer Vorteil des Verfahrens liegt im weiteren darin, daß die Auftriebskräfte des Wassers für jeden der einzelnen Belastungszustände außerordentlich leicht bestimmt werden können; es kommen immer nur symmetrisch gestaltete Belastungsfiguren in Betracht. Vgl. die Abb. 222, 223 und 224. Beim Belastungsfall IV kommt überhaupt kein Wasserdruck zustande; vgl. die früheren Ausführungen. Im Gegensatz dazu ließen sich die Auftriebskräfte bei der ursprünglichen Belastung nach Abb. 221 nur mit großer Schwierigkeit ermitteln.

Hierzu möge noch folgendes bemerkt werden: Besteht das Hauptsystem lediglich aus den Hauptlängs- und -querträgern, so ist es, wenn man die geringen Verwindungswiderstände der Träger außer acht läßt, senkrecht zur wagerechten Ebene verschieblich. Die Stabilität des Gebildes bedingt dann bestimmte Gegendrucke des Wassers. Unter diesen Umständen müßten auch bei der Teilbelastung IV (Abb. 225) Gegenwirkungen des Wassers in die Erscheinung treten. Nun ist aber zu beachten, daß das Trägersystem sowohl in der unteren wie auch in der oberen Ebene mit einer Blechhaut überdeckt ist, wodurch seine Verschieblichkeit beseitigt und eine regelrechte Steifig-

keit herbeigeführt wird. Diese tatsächliche Sachlage hat keinen
Einfluß auf die Gleichgewichtsbedingung der Teilbelastungen I,
II und III. Hier werden die Wasserdruckgegenwirkungen einfach
nach den gewöhnlichen statischen Gesetzen ermittelt. Bei der Teilbelastung I nach der Fläche des Tragbodens, bei den Teilbelastungen
II und III nach den Widerstandsmomenten des Bodens in Längsrichtung und Querrichtung. Ein kritischer statischer Zustand besteht jedoch in der Teilbelastung IV. Hier tritt die durch die Blechüberdeckungen herbeigeführte Biegungssteifigkeit des Tragsystems in
Wirksamkeit. Nähere Erörterung dieses Punktes zu Beginn dieses
Kapitels.

Es sei noch bemerkt, daß die bei den Teilbelastungen II und III
in Rechnung gebrachten negativen Wasserdrucke selbstverständlich
in Wirklichkeit nicht auftreten; bei Zusammenwirkung aller Teilbelastungen ergeben sich positive Auftriebskräfte, wie sie in der Abb. 221
dem Schema nach zur Darstellung gebracht sind.

Die Kräfte bei den Teilbelastungen betragen:

$$A = \frac{P_1}{4} + \frac{P_4}{4}$$

$$B = \frac{P_1}{4} - \frac{P_4}{4}$$

$$C = \frac{P_2}{4} + \frac{P_3}{4}$$

$$D = \frac{P_2}{4} - \frac{P_3}{4}.$$

Die Berechnung der zwei statisch unbestimmten Größen bei
jeder Teilbelastung kann nach den Bedingungsgleichungen erfolgen:

$$\int \frac{M_s}{J \cdot E} \cdot \frac{\partial M_s}{\partial X_a} \cdot dx = 0 \quad \text{und} \quad \int \frac{M_s}{J \cdot E} \cdot \frac{\partial M_s}{\partial X_b} \cdot dx = 0.$$

Beispiel 19. Ein Ponton nach Abbildung 227.

Das Tragwerk besteht aus vier Längsträgern und sieben Querträgern. Die Aufgabe ist zehnfach statisch unbestimmt. Eine Berechnung nach dem gewöhnlichen Verfahren kommt praktisch wegen
des ungeheuren Umfanges nicht in Betracht. Ein gangbarer Weg
zur Lösung ist wieder mit dem Verfahren der Belastungsumordnung
gegeben. Wir stellen wieder die Teilbelastungen I, II, III und IV
auf. Vgl. die Abbildungen 222, 223, 224 u. 225. Wir führen als unbe-

kannte Größen wieder die Reaktionen der Querträgerenden an den äußeren Längsträgern ein.

Teilbelastung I. Dreifach statisch unbestimmt. Unbekannt X_a, X_b, X_c.

Teilbelastung II. Zweifach statisch unbestimmt. Unbekannt X_a, X_b, $X_c = 0$.

Teilbelastung III. Dreifach statisch unbestimmt. Unbekannt X_a, X_b, X_c.

Teilbelastung IV. Zweifach statisch unbestimmt. Unbekannt X_a, X_b, $X_c = 0$.

Die Ermittlungen erstrecken sich wie früher immer nur über ein einziges Viertel des Tragwerks. Die Berechnung der unbekannten Größen kann erfolgen

bei den Teilbelastungen I und III nach

$$\int \frac{M_x}{J \cdot E} \cdot \frac{\partial M_x}{\partial X_a} \cdot d\,x = 0, \qquad \int \frac{M_x}{J \cdot E} \cdot \frac{\partial M_x}{\partial X_b} \cdot d\,x = 0,$$

$$\int \frac{M_x}{J \cdot E} \cdot \frac{\partial M_x}{\partial X_c} \cdot d\,x = 0,$$

bei den Teilbelastungen II und IV nach

$$\int \frac{M_x}{J \cdot E} \cdot \frac{\partial M_x}{\partial X_a} \cdot d\,x = 0, \qquad \int \frac{M_x}{J \cdot E} \cdot \frac{\partial M_x}{\partial X_b} \cdot d\,x = 0.$$

Unser Verfahren setzt stets symmetrische Anordnung des Tragwerkes voraus. Es liegt im Interesse der Berechnung, diese Bedingung zu erfüllen. Sollte das nicht möglich sein, dann wird man eine Ungleichheit wenigstens auf das geringste Maß zu beschränken suchen. Bei nicht allzu weitgehender Unsymmetrie kann man das Verfahren unbedenklich wie oben dargelegt zur Anwendung bringen. Man nimmt dabei an, daß die Querträgeranlage im unbelasteten Felde, also rechts, dieselbe ist wie im belasteten links. Nach Berechnung der unbestimmten Größen wird eine geschickte Hand imstande sein, die Ergebnisse auf die Gesamtkonstruktion richtig zu verteilen, bzw. die Differenzen zufriedenstellend auszugleichen.

Beispiel 20. Ein Ponton nach Abbildung 228 u. 229.

Das Hauptsystem besteht aus vier gleichlaufenden Längsträgern mit zwei kopfabschließenden Querträgern. Im übrigen wird der Zusammenhalt der Träger durch quergerichtete Spanten herbeigeführt.

Infolge der Deck- und Bodenhaut ist das Tragwerk senkrecht zur wagerechten Ebene biegungssteif. Sonst würde es verschieblich sein, wenn
man die sehr geringen Verwindungswiderstände der Träger außer acht
läßt. Bedenkt man, daß die Höhe der Spanten im Verhältnis zur Höhe
der Hauptträger außerordentlich gering ist, und zieht man in Betracht,
daß die Glieder schlecht als kontinuierliche Balken durchgeführt
werden können, so ergibt sich, daß sie kaum mehr als eine gewöhnliche Balkenwirkung zu äußern imstande sind. Wir nehmen daher
mit guten Gründen an, daß die Span-
ten die ihnen zufallenden Kräfte aus
dem Auftrieb des Wassers wie gewöhnliche Balken an die Hauptträger
abgeben, womit die statische Wirkungsweise des Tragsystems klargestellt ist. Die Aufgabe ist statisch
bestimmbar[1]).

Wenn nun auch die Lösung ohne
weiteres erfolgen kann, so bringt der
gewöhnliche Berechnungsgang doch
außerordentliche Weitläufigkeiten mit
sich, und zwar deshalb, weil die Auftriebskräfte des Wassers bei schrägem,
einseitigem Eintauchen des Pontons
nur schwer erfaßt und in Rechnung
gebracht werden können. Ungemein
einfach jedoch gestaltet sich die Aufgabe, wenn wir das Verfahren der Belastungsumordnung, das uns bei den
statisch unbestimmten Fällen so große
Dienste leistete, auch hier zur An-
wendung bringen. Es möge beiläufig noch bemerkt werden, daß
an Stelle der einzigen Einzellast auch einseitig angreifende Gruppen
von Lasten vorhanden sein können; die Einfachheit der Berechnungsweise wird dadurch keineswegs beeinträchtigt. Vgl. hierzu die Art
und Weise der Belastungsumordnung in den Abb. 220 bis 226.

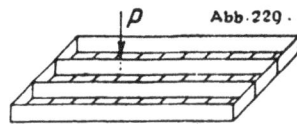

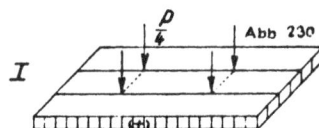

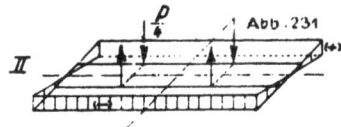

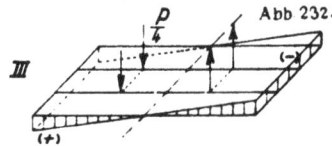

---

[1]) Berechtigt die Konstruktionsanlage zu der Annahme, daß die Spanten
als durchgehende Balken auf vier Stützen wirken, so läßt sich diesem Umstande, wie später gezeigt wird, näherungsweise leicht Rechnung tragen. Die
Drucke der Glieder gegen die Längsträger entsprechen dann eben den Auf-
lagerdrucken eines Balkens auf vier Stützen.

Wir ordnen also die Belastung durch P um in die vier Teilbelastungen I, II, III u. IV. Abb. 230, 231, 232 u. 233. Die Teilbelastungen zusammen ergeben wieder die Grundbelastung durch P. Auftriebskräfte des Wassers erscheinen nur bei den ersten drei Belastungszuständen. Bei dem vierten kommen wegen der Biegungssteifigkeit des Tragwerks in der wagerechten Ebene irgendwelche nennenswerte Wasserdrucke nicht in Betracht. Der Vorteil der Belastungsumordnung liegt darin, daß nunmehr die Auftriebkräfte des Wassers leicht rechnerisch erfaßt werden können. Wir untersuchen die Wirkung jeder Teilbelastung für sich und setzen die Ergebnisse nachher zusammen.

Für die Berechnung mögen folgende Zahlen angenommen werden:

$$m = 14\,\text{m}, \qquad a = 6\,\text{m}, \qquad c = 3\,\text{m},$$
$$n = 7\,\text{m}, \qquad b = 4\,\text{m}, \qquad d = 2\,\text{m},$$
$$P = t.$$

Teilbelastung I. Abb. 230.

Der gleichmäßig verteilte Wasserdruck für die Flächeneinheit beträgt:

$$p = + \frac{P}{m \cdot n}.$$

Die Spanten übertragen den Druck nach dem gewöhnlichen Balkengesetz auf die Hauptträger. In den Abb. 234 bis 237 sind die einzelnen Träger mit ihren Belastungen herausgezeichnet.

Es lassen sich ohne weiteres die Momente an den Hauptträgern aufstellen.

Äußerer Längsträger 1. Abb. 235.

$$M_m = P \cdot \frac{d}{2 \cdot n} \cdot \frac{m}{8} = P \cdot \frac{2}{2 \cdot 7} \cdot \frac{14}{8} = -\, P \cdot 0,2500\, t \cdot m.$$

Die Momentenlinie verläuft nach einer gewöhnlichen Parabel.

Innerer Längsträger 2. Abb. 236.

$$M_n = P \cdot \frac{d}{4 \cdot n} \cdot \frac{b}{2} + P \cdot \frac{c+d}{2 \cdot m \cdot n} \cdot \frac{b^2}{8}$$
$$= P \cdot \frac{2}{4 \cdot 7} \cdot \frac{4}{2} + P \cdot \frac{5}{2 \cdot 14 \cdot 7} \cdot \frac{4^2}{8}$$
$$= P \cdot 0,14286 + P \cdot 0,05102 = +\, P \cdot 0,19388\, t \cdot m$$

$$M_2 = P \cdot \frac{d}{4 \cdot n} \cdot b + P \cdot \frac{c+d}{2 \cdot m \cdot n} \cdot \frac{b^2}{2}$$

$$= P \cdot \frac{2}{4 \cdot 7} \cdot 4 + P \cdot \frac{5}{2 \cdot 14 \cdot 7} \cdot \frac{4^2}{2}$$

$$= P \cdot 0{,}28572 + P \cdot 0{,}20408 = + P \cdot 0.48980 \, t \cdot m$$

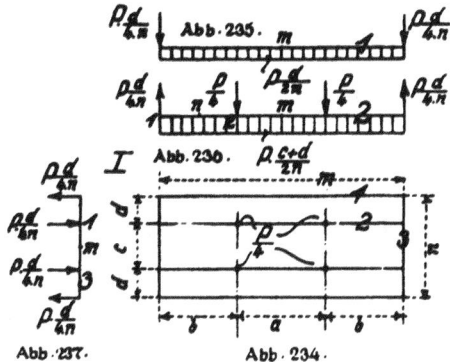

Abb. 235. Abb. 236. Abb. 237. Abb. 234.

$$M_m = P \cdot \frac{d}{4 \cdot n} \left(\frac{a}{2} + b \right) + P \cdot \frac{c+d}{2 \cdot m \cdot n} \frac{\left(\frac{a}{2} + b \right)^2}{2} - \frac{P}{4} \cdot \frac{a}{2}$$

$$= P \cdot \frac{2}{4 \cdot 7} \cdot 7 + P \cdot \frac{5}{2 \cdot 14 \cdot 7} \cdot \frac{7^2}{2} - P \cdot \frac{6}{8} = P \cdot 0{,}50000$$

$$+ P \cdot 0{,}6250 - P \cdot 0{,}7500 = + P \cdot 0{,}37500 \, t \cdot m.$$

Äußerer Querträger 3. Abb. 237.

$$M_1 = P \cdot \frac{d}{4 \cdot n} \cdot d = P \cdot \frac{2}{4 \cdot 7} \cdot 2 = + P \cdot 0{,}14286$$

$$M_m = \qquad\qquad\qquad = + P \cdot 0{,}14286.$$

Sämtliche Momente werden zunächst übersichtlich in einer Figur aufgetragen.

Teilbelastung II. Abb. 231.

Der Wasserdruck an der äußersten Pontonkante ist für die Flächeneinheit:

$$P = \frac{M}{W} = \frac{P}{2} \cdot c \cdot \frac{6}{m \cdot n^2} = \pm \frac{3 \cdot P \cdot c}{m \cdot n^2}.$$

Das Druckschema ist in der Abb. 238 angedeutet. Die Kräfte werden durch die Spanten nach dem gewöhnlichen Balkengesetz auf die Längsträger übertragen.

In den Abb. 238 bis 241 sind die einzelnen Träger mit ihren Belastungen herausgezeichnet.

Äußerer Längsträger 1. Abb. 239.

$$M_m = P \cdot \frac{c \cdot d}{2 \cdot n^3} (c + 2n) \cdot \frac{m}{8} = P \cdot \frac{3 \cdot 2}{2 \cdot 7^3} \cdot 17 \cdot \frac{14}{8} = \mp P \cdot 0{,}26021 \, t \cdot m.$$

Die Momentenlinie verläuft nach einer gewöhnlichen Parabel.

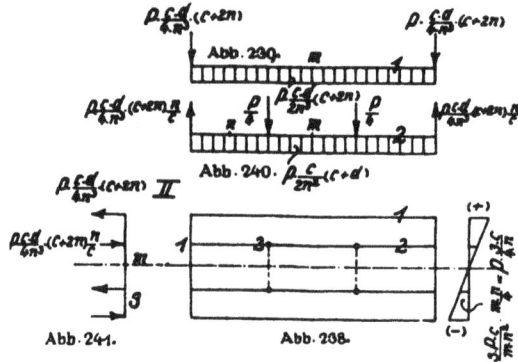

Abb. 239. Abb. 240. Abb. 241. Abb. 208.

Innerer Längsträger 2. Abb. 240.

$$M_n = P \cdot \frac{c \cdot d}{4 \cdot n^3} (c + 2n) \cdot \frac{n}{c} \cdot \frac{b}{2} + P \cdot \frac{c}{2 \cdot m \cdot n^2} (c + d) \frac{b^2}{8}$$

$$= P \cdot \frac{3 \cdot 2}{4 \cdot 7^3} \cdot 17 \cdot \frac{7}{3} \cdot \frac{4}{2} + P \cdot \frac{3}{2 \cdot 14 \cdot 7^2} \cdot 5 \cdot \frac{4^2}{8}$$

$$= P \cdot 0{,}34694 + P \cdot 0{,}02187 = \pm P \cdot 0{,}36881 \, t \cdot m$$

$$M_2 = P \cdot \frac{c \cdot d}{4 \cdot n^3} (c + 2n) \frac{n}{c} \cdot b + P \cdot \frac{c}{2 \cdot m \cdot n^2} (c + d) \frac{b^2}{2}$$

$$= P \cdot \frac{3 \cdot 2}{4 \cdot 7^3} \cdot 17 \cdot \frac{7}{3} \cdot 4 + P \cdot \frac{3}{2 \cdot 14 \cdot 7^2} \cdot 5 \cdot \frac{4^2}{2}$$

$$= P \cdot 0{,}69388 + P \cdot 0{,}08748 = \pm P \cdot 0{,}78136 \, t \cdot m$$

$$M_m = P \cdot \frac{c \cdot d}{4 \cdot n^3} (c + 2n) \cdot \frac{n}{c} \left(\frac{a}{2} + b\right)$$

$$+ P \cdot \frac{c}{2 \cdot m \cdot n^2} (c + d) \frac{\left(\frac{a}{2} + b\right)^2}{2} - \frac{P}{4} \cdot \frac{a}{2}$$

$$= P \cdot \frac{3 \cdot 2}{4 \cdot 7^3} \cdot 17 \cdot \frac{7}{3} \cdot 7 + P \cdot \frac{3}{2 \cdot 14 \cdot 7^2} \cdot 5 \cdot \frac{7^2}{2} - P \cdot \frac{6}{8}$$

$$= P \cdot 1{,}21428 + P \cdot 0{,}26786 - P \cdot 0{,}75000$$

$$= \pm P \cdot 0{,}73214 \, t \cdot m.$$

Äußerer Querträger 3. Abb. 241.

$$M_1 = P \cdot \frac{c \cdot d}{4 \cdot n^3}(c + 2n)d = P \cdot \frac{3 \cdot 2}{4 \cdot 7^3} \cdot 17 \cdot 2 = \pm \, P \cdot 0{,}14782 \, t \cdot m$$

$$M_m = \qquad\qquad\qquad\qquad = 0.$$

Sämtliche Momente werden wieder zunächst in einer Figur aufgetragen.

Teilbelastung III. Abb. 232.

Der Wasserdruck an der äußersten Pontonkante für die Flächeneinheit ist:

$$p = \frac{M}{W} = \frac{P}{2} \cdot a \cdot \frac{6}{n \cdot m^2} = \pm \frac{3 \cdot P \cdot a}{n \cdot m^2}.$$

Die Drucke werden von den Spanten auf Grund der einfachen Balkengesetze auf die Hauptträger übertragen.

In den Abb. 242 bis 245 sind die einzelnen Träger mit ihren Belastungen herausgezeichnet.

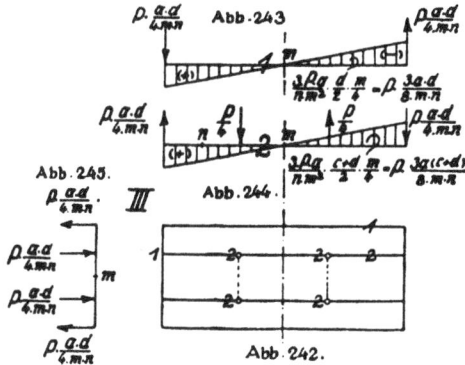

Äußerer Längsträger. Abb. 243.

Das Moment im Abstande x vom Ende ist:

$$M_x = P \cdot \frac{a \cdot d \cdot x}{4 \cdot m \cdot n}\left(\frac{3 \cdot x}{m} - \frac{2 \cdot x^2}{m^2} - 1\right)$$

bei $x = 1{,}75$ m wird

$$M = P \cdot \frac{6 \cdot 2 \cdot 1{,}75}{4 \cdot 14 \cdot 7}\left(\frac{3 \cdot 1{,}75}{14} - \frac{2 \cdot \overline{1{,}75}^2}{14^2} - 1\right) = \pm \, P \cdot 0{,}0351 \, t \cdot m$$

bei $x = 3{,}50$ m wird

$$M = P \cdot \frac{6 \cdot 2 \cdot 3{,}50}{4 \cdot 14 \cdot 7}\left(\frac{3 \cdot 3{,}50}{14} - \frac{2 \cdot \overline{3{,}50}^2}{14^2} - 1\right) = \pm \, P \cdot 0{,}0401 \, t \cdot m$$

bei $x = 5,25$ m wird

$$M = P \cdot \frac{6 \cdot 2 \cdot 5,25}{4 \cdot 14 \cdot 7} \left(\frac{3 \cdot 5,25}{14} - \frac{2 \cdot \overline{5,25}^2}{14^2} - 1 \right) = \pm P \cdot 0,0250\, t \cdot m$$

bei $x = 7,00$ m wird

$$M_m = \qquad\qquad\qquad = 0.$$

Das Maximalmoment entsteht im Abstande $x = 2,96$ m und beträgt:

$$M_{\max} = P \cdot \frac{6 \cdot 2 \cdot 2,96}{4 \cdot 14 \cdot 7} \left(\frac{3 \cdot 2,96}{14} - \frac{2 \cdot \overline{2,96}^2}{14^2} - 1 \right) = \pm P \cdot 0,0412\, t \cdot m.$$

Innerer Längsträger 2. Abb. 244.

Moment im Abstande x vom Ende

$$M_x = \frac{P \cdot a \cdot x}{4 \cdot m \cdot n} \left\{ d + \frac{3(c+d)}{m} \cdot x - \frac{2(c+d)}{m^2} \cdot x^2 \right\}$$

bei $x = 2$ m wird

$$M = P \cdot \frac{6 \cdot 2}{4 \cdot 14 \cdot 7} \left\{ 2 + \frac{3 \cdot 5}{14} \cdot 2 - \frac{2 \cdot 5}{14^2} \cdot 4 \right\} = \pm P \cdot 0,1205\, t \cdot m$$

bei $x = 4$ m wird

$$M_2 = P \cdot \frac{6 \cdot 4}{4 \cdot 14 \cdot 7} \left\{ 2 + \frac{3 \cdot 5}{14} \cdot 4 - \frac{2 \cdot 5}{14^2} \cdot 16 \right\} = \pm P \cdot 0,3348\, t \cdot m.$$

Moment im Abstande x vom Ende (Mittelfeld)

$$M_x = P \cdot \frac{a \cdot x}{4 \cdot m \cdot n} \left\{ d + \frac{3(c+d)}{m} \cdot x - \frac{2(c+d)}{m^2} \cdot x^2 - \frac{m \cdot n}{a \cdot x}(x-b) \right\}$$

$$M_m = 0.$$

Äußerer Querträger 3. Abb. 245.

$$M_1 = P \cdot \frac{a \cdot d}{4 \cdot m \cdot n} \cdot d = P \cdot \frac{6 \cdot 2 \cdot 2}{4 \cdot 14 \cdot 7} = \pm P \cdot 0,06122\, t \cdot m$$

$$M_m = \qquad\qquad\qquad = \pm P \cdot 0,06122\, t \cdot m.$$

Alle Momente werden im Interesse der Übersichtlichkeit aufgetragen.

Teilbelastung IV. Abb. 233.

Infolge der Biegungssteifigkeit des Tragwerks senkrecht zur wagerechten Ebene kommen, wie schon erwähnt, Auftriebskräfte des Wassers nicht zustande. Die durch die Kräfte $\frac{P}{4}$ hervorgerufene Biegungsinanspruchnahme der Konstruktion ist schwer zu ermitteln, und zwar wegen der aufgenieteten Deck- und Bodenbleche, deren genaue

Wirksamkeit kaum erfaßt werden kann. Es bleibt nichts anderes übrig, als eine näherungsweise Lösung zu suchen. Wir gehen von der Überlegung aus, daß Kräfte, um sich auszuwirken, stets den nächsten Weg nehmen. Dieser nächste Weg ist das Bereich innerhalb der vier Angriffspunkte 2, wenn wir zwischen diesen Punkten nach Maßgabe der punktierten Linien Querträger von derselben Höhe wie die Hauptträger einführen. Man kann dann annehmen, daß an Stelle der Blechüberdeckungen oben und unten diagonale Stäbe zwischen den Endpunkten 2 wirksam sind. Siehe Abb. 246. System und Belastungszustand des in dieser Weise rechnerisch zugänglich gemachten Tragkörpers sind in der Abb. 247 anschaulich vor Augen geführt. Die stati-

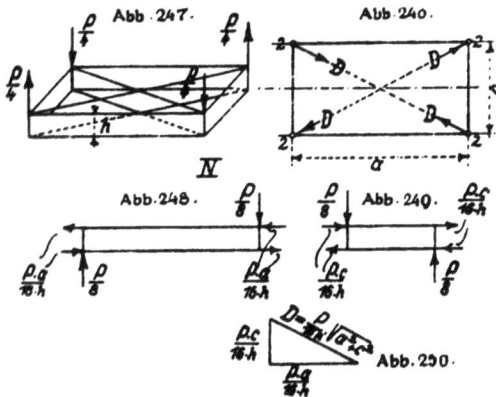

sche Sachlage ist ohne weiteres klar. Das Gleichgewicht bedingt bestimmte Zug- und Druckanspannungen in den diagonalen Stäben. In den Abb. 248 und 249 sind die einzelnen Träger mit den ihnen zukommenden Belastungen herausgezeichnet. Das Kräftedreieck Abb. 250 zeigt die Beziehung zwischen der Diagonalanspannung und den Kräften, die an dem Träger wirken.

Die Lösung der Aufgabe in dieser Weise kommt der Wirklichkeit einigermaßen nahe. Es liegt uns aber weniger an Genauigkeit. Es ist wichtiger, überhaupt festgestellt zu haben, daß der Ponton eine erhebliche innerliche Biegungsinanspruchnahme erleidet, die lediglich hervorgerufen wird durch die einseitige Belastung durch P, und mit den Auftriebskräften des Wassers nicht unmittelbar zu tun hat. Meines Wissens nach ist man auf diesen eigentümlichen Sachverhalt bei anderen Berechnungsverfahren bisher nicht aufmerksam geworden. Woraus hervorgeht, daß anderweitige Lösungen, die über diesen Punkt nichts aussagen, als einwandfrei nicht angesprochen werden können.

Wir haben folgende Momente:

Längsträgerteil Abb. 248.

Am Ende

$$M_2 = \frac{P \cdot a}{16 \cdot h} \cdot h = \frac{P \cdot a}{16} = P \cdot \frac{6}{16} = \pm P \cdot 0,375 \, t \cdot m$$

In der Mitte

$$M_m = 0.$$

Kurzer Querträger Abb. 249.

Am Ende

$$M_2 = \frac{P \cdot c}{16 \cdot h} \cdot h = \frac{P \cdot c}{16} = P \cdot \frac{3}{16} = \pm P \cdot 0,1875 \, t \cdot m$$

In der Mitte

$$M_m = 0.$$

Zur Übersichtlichkeit wurden auch diese Momente zeichnerisch aufgetragen.

Man erhält nunmehr die an dem Trägersystem tatsächlich wirksamen Momente, wenn man die Momente aus den einzelnen Teilbelastungen sinngemäß zusammensetzt. Die Endergebnisse sind in der Abb. 251 anschaulich zur Darstellung gebracht.

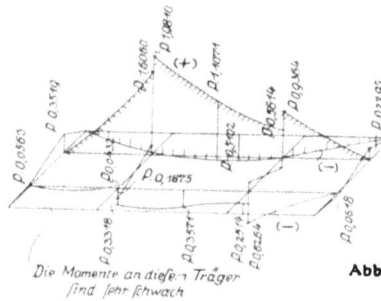

Abb. 251.

Es versteht sich von selbst, daß die bei der vorliegenden einseitigen Belastung durch P eintretende starke Schrägstellung des Pontons, bei der sogar negative Auftriebskräfte des Wassers hervorgerufen werden, praktisch nicht vorkommt; die Neigung wird durch entsprechenden Gegenballast in den zulässigen Grenzen gehalten.

Beispiel 21. Ein Ponton nach Abbildung 253.

Dasselbe Tragwerk wie vorher, nur mit dem Unterschied, daß außer den kopfabschließenden Querträgern noch zwei Querträger im Felde angeordnet sind.

Die Aufgabe ist jetzt innerlich vierfach statisch unbestimmbar. Man führt wie früher als unbekannte Größen die Reaktionen der mittleren Querträgerenden an den äußeren Längsträgern ein.

Die Berechnung des Tragwerks in der üblichen Weise führt zu vier Elastizitätsgleichungen mit vier Unbekannten. Die Ermittlungen erstrecken sich über das ganze System. Ein Versuch würde zeigen, daß diese Berechnungsweise selbst bei dieser verhältnismäßig einfachen Aufgabe praktisch kaum durchgeführt werden kann.

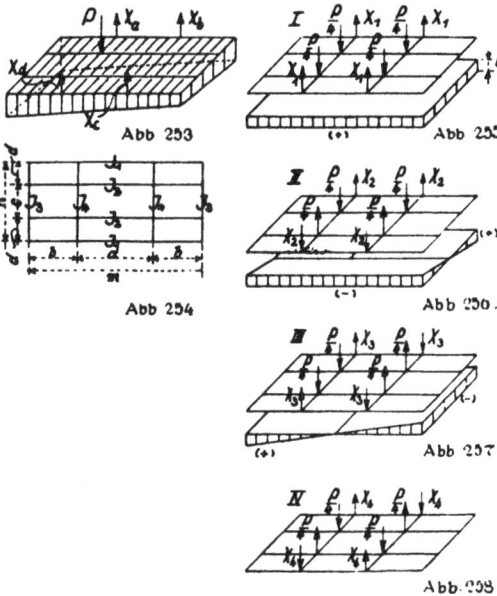

Abb 253

Abb 254

Abb 255

Abb 256.

Abb 257

Abb. 258.

Eine bequeme Lösung erlaubt wie immer das Verfahren der Belastungsumordnung. Wir ordnen die Belastung durch P um in die vier Teilbelastungen I, II, III und IV. Abb. 255, 256, 257 und 258. Vgl. auch die Abb. 230 bis 233. Bei jeder der Teilbelastungen erscheint jedesmal nur eine einzige statisch unbestimmte Größe. Wir haben somit durch das Verfahren erreicht, daß sämtliche vier Unbekannten vollständig unabhängig voneinander geworden sind. Die Ausrechnung der Größen erfolgt jede für sich nach

$$\int \frac{M_a}{J \cdot E} \cdot \frac{\delta M_a}{\delta X} \cdot dx = 0.$$

Eine besondere Einfachheit liegt wieder darin, daß die Ermittlungen sich in allen Fällen immer nur über ein einziges Viertel des

Tragwerks erstrecken, und daß die Auftriebskräfte des Wassers außerordentlich leicht bestimmt werden können.

Der Leser wird beachten, daß die statische Wirkungsweise dieses Tragwerks sich von der Wirkungsweise des vorher behandelten nur dadurch unterscheidet, daß jetzt die Reaktionen X neu hinzutreten, die jedoch keinen Einfluß auf die äußeren Kräfte ausüben, das System vielmehr nur rein innerlich in Anspruch nehmen. Die Wirkungen bzw. die Momente aus den äußeren Kräften P und dem Auftrieb des Wassers sind dieselben wie vorher, neu hinzukommen nur die Wirkungen bzw. Momente aus den Reaktionen X. Wir erhalten somit die an dem Tragwerk wirksamen tatsächlichen Momente, wenn man zu den Momenten des vorhergehenden Tragwerks (Abb. 251) die Momente aus den Größen X addiert.

Es war angenommen: $m = 14\,\text{m}$, $\quad a = 6\,\text{m}$, $\quad c = 3\,\text{m}$,

$$n = 7\,\text{m}, \quad b = 4\,\text{m}, \quad d = 2\,\text{m},$$

Ferner möge sein $\quad J_1 = J_2 = J_3 = J_4$.

Teilbelastung I. Abb. 255.

Der Druck $4 \cdot \dfrac{P}{4}$ verteilt sich gleichmäßig auf die ganze vom Ponton belastete Wasserfläche. Der Wasserdruck auf die Flächeneinheit ist:

$$p = \frac{P}{m \cdot n}.$$

Die Eintauchtiefe des Pontons ergibt sich aus:
$$P = m \cdot n \cdot t \cdot \gamma \quad \gamma = 1\,\text{t/m}^3.$$
Oder $\qquad t = p$.

In den Abb. 259 bis 263 sind die einzelnen Träger mit ihren Belastungen herausgezeichnet.

Äußerer Längsträger. Abb. 260.

(Von a bis b)

$$M_x = X_1 \cdot x + P \cdot \frac{d}{2\,m \cdot n} \cdot \frac{x^2}{2} - P \cdot \frac{d}{4 \cdot n} \cdot x \qquad \frac{\partial M_x}{\partial X_1} = x$$

$$\int_0^b \left\{ X_1 \cdot x^2 + P \cdot \frac{d}{4 \cdot m \cdot n} \cdot x^3 - P \cdot \frac{d}{4 \cdot n} \cdot x^2 \right\} dx = X_1 \cdot \frac{b^3}{3}$$

$$+ P \cdot \frac{b^4 \cdot d}{16 \cdot m \cdot n} - P \cdot \frac{b^3 \cdot d}{12 \cdot n} = X_1 \cdot \frac{4^3}{3} + P \cdot \frac{4^4 \cdot 2}{16 \cdot 14 \cdot 7}$$

$$- P \cdot \frac{4^3 \cdot 2}{12 \cdot 7} = X_1 \cdot 21,3333 + P \cdot 0,3265 - P \cdot 1,5238$$

$$= X_1 \cdot 21,3333 - P \cdot 1,1973 \ . \ . \ . \ . \ . \ . \ \text{(I)}$$

(Von b bis c)

$$M_a = X_1 \cdot b + P \cdot \frac{d}{2 \cdot m \cdot n} \cdot \frac{(b+x)^2}{2} - P \cdot \frac{d}{4 \cdot n}(b+x) \qquad \frac{\partial M_x}{\partial X_1} = b$$

$$\int_0^{\frac{a}{2}} \left\{ X_1 \cdot b^2 + P \cdot \frac{b \cdot d}{4 \cdot m \cdot n}(b+x)^2 - P \cdot \frac{b \cdot d}{4 \cdot n}(b+x) \right\} dx$$

$$= X_1 \frac{a \cdot b^2}{2} + P \cdot \frac{a \cdot b \cdot d}{8 \cdot m \cdot n} \left(\frac{a^2}{12} + \frac{a \cdot b}{2} + b^2 \right) - P \cdot \frac{a \cdot b \cdot d}{8 \cdot n} \left(\frac{a}{4} + b \right)$$

$$= X_1 \frac{6 \cdot 16}{2} + P \cdot \frac{6 \cdot 4 \cdot 2}{8 \cdot 14 \cdot 7} \left(\frac{36}{12} + \frac{6 \cdot 4}{2} + 16 \right) - P \cdot \frac{6 \cdot 4 \cdot 2}{8 \cdot 7} \left(\frac{6}{4} + 4 \right)$$

$$= X_1 \cdot 48{,}0000 + P \cdot 1{,}8979 - P \cdot 4{,}7143$$

$$= X_1 \cdot 48{,}0000 - P \cdot 2{,}8164 \quad \ldots \ldots \ldots \text{(II)}$$

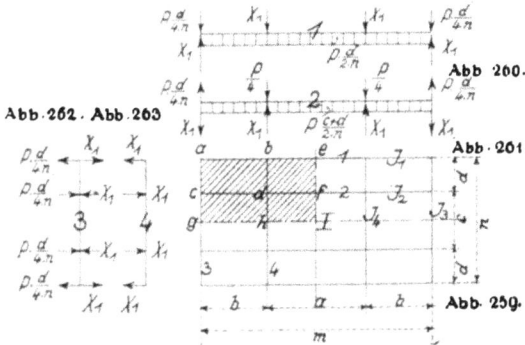

Abb 260.

Abb.262. Abb.263

Abb·261·

Abb 259.

Innerer Längsträger. Abb. 261.

(Von c bis d)

$$M_x = - X_1 \cdot x + P \cdot \frac{c+d}{2 \cdot m \cdot n} \cdot \frac{x^2}{2} + P \cdot \frac{d}{4 \cdot n} \cdot x \qquad \frac{\partial M_x}{\partial X_1} = -x$$

$$\int_0^b \left\{ X_1 \cdot x^2 - P \cdot \frac{c+d}{4 \cdot m \cdot n} \cdot x^3 - P \cdot \frac{d}{4 \cdot n} \cdot x^2 \right\} dx = X_1 \cdot \frac{b^3}{3}$$

$$- P \cdot \frac{b^4(c+d)}{16 \cdot m \cdot n} - P \cdot \frac{b^3 \cdot d}{12 \cdot n} = X_1 \cdot \frac{6^4}{4} - P \cdot \frac{256(3+2)}{16 \cdot 14 \cdot 7}$$

$$- P \cdot \frac{64 \cdot 2}{12 \cdot 7} = X_1 \cdot 21{,}3333 - P \cdot 0{,}8163 - P \cdot 1{,}5238$$

$$= X_1 \cdot 21{,}3333 - P \cdot 2{,}3401 \quad \ldots \ldots \ldots \text{(III)}$$

(Von d bis f)

$$M_z = -X_1 \cdot b + P \cdot \frac{(c+d)}{2 \cdot m \cdot n} \cdot \frac{(b+x)^2}{2} + P \cdot \frac{d}{4 \cdot n} (b+x) - \frac{P}{4} \cdot \bar{\bar{x}}$$

$$\frac{\partial M_z}{\partial X_1} = -b$$

$$\int_0^{\frac{a}{2}} \left\{ X_1 \cdot b^2 - P \cdot \frac{b(c+d)}{4 \cdot m \cdot n} (b+x)^2 - P \cdot \frac{b \cdot d}{4 \cdot n} (b+x) + \frac{P}{4} \cdot b \cdot x \right\} dx$$

$$= X_1 \cdot \frac{a \cdot b^2}{2} - P \cdot \frac{a \cdot b}{8 \cdot m \cdot n} (c+d) \left(\frac{a^2}{12} + \frac{a \cdot b}{2} + b^2 \right)$$

$$- P \cdot \frac{a \cdot b \cdot d}{8 \cdot n} \left(\frac{a}{4} + b \right) + P \cdot \frac{a^2 \cdot b}{32} = X_1 \cdot \frac{6 \cdot 16}{2}$$

$$- P \cdot \frac{6 \cdot 4 \cdot 5}{8 \cdot 14 \cdot 7} \left(\frac{36}{12} + \frac{6 \cdot 4}{2} + 16 \right) - P \cdot \frac{6 \cdot 4 \cdot 2}{8 \cdot 7} \left(\frac{6}{4} + 4 \right)$$

$$+ P \cdot \frac{36 \cdot 4}{32} = X_1 \cdot 48 - P \cdot 4{,}7448 - P \cdot 4{,}7143 + P \cdot 4{,}5000$$

$$= X_1 \cdot 48{,}0000 - P \cdot 4{,}9591 \quad . \quad . \quad . \quad . \quad \text{(IV)}$$

Äußerer Querträger. Abb. 262.

(Von a bis c)

$$M_z = X_1 \cdot x - P \cdot \frac{d}{4 \cdot n} \cdot x \qquad \frac{\partial M_z}{\partial X_1} = x$$

$$\int_0^d \left\{ X_1 \cdot x^2 - P \cdot \frac{d}{4 \cdot n} \cdot x^2 \right\} dx = X_1 \cdot \frac{d^3}{3} - P \cdot \frac{d^4}{12 \cdot n}$$

$$= X_1 \cdot \frac{8}{3} - P \cdot \frac{16}{12 \cdot 7} = X_1 \cdot 2{,}6666 - P \cdot 0{,}1905 \quad . \quad \text{(V)}$$

(Von c bis g)

$$M_z = X_1 \cdot d - P \cdot \frac{d}{4 \cdot n} \cdot d \qquad \frac{\partial M_z}{\partial X_1} = d$$

$$\int_0^{\frac{c}{2}} \left\{ X_1 \cdot d^2 - P \cdot \frac{d^3}{4 \cdot n} \right\} dx = X_1 \cdot \frac{c \cdot d^2}{2} - P \cdot \frac{c \cdot d^3}{8 \cdot n}$$

$$= X_1 \cdot \frac{3 \cdot 4}{2} - P \cdot \frac{3 \cdot 8}{8 \cdot 7} = X_1 \cdot 6{,}0000 - P \cdot 0{,}4286 \quad . \quad \text{(VI)}$$

Innerer Querträger. Abb. 263.

(Von b bis d)

$$M_x = X_1 \cdot x \qquad \frac{\partial M_x}{\partial X_1} = x$$

$$\int\limits_0^d X_1 \cdot x^2 \cdot dx = X_1 \cdot \frac{d^3}{3} = X_1 \cdot \frac{8}{3} = X_1 \cdot 2{,}6666 \; . \quad . \text{ (VII)}$$

(Von d bis h)

$$M_x = X_1 \cdot d \qquad \frac{\partial M_x}{\partial X_1} = d$$

$$\int\limits_0^2 X_1 \cdot d^2 \cdot dx = X_1 \cdot \frac{c \cdot d^2}{2} = X_1 \cdot \frac{3 \cdot 4}{2} = X_1 \cdot 6{,}0000 \; . \text{ (VIII)}$$

Zusammenfassung:

$$X_1 \cdot 21{,}3333 + X_1 \cdot 48{,}0000 + X_1 \cdot 21{,}3333 + X_1 \cdot 48{,}0000$$
$$+ X_1 \cdot 2{,}6666 + X_1 \cdot 6{,}0000 + X_1 \cdot 2{,}6666 + X_1 \cdot 6{,}0000$$
$$- P \cdot 1{,}1973 - P \cdot 2{,}8164 - P \cdot 2{,}3401 - P \cdot 4{,}9591$$
$$- P \cdot 0{,}1905 - P \cdot 0{,}4286 = 0$$

oder

$$X_1 \cdot 155{,}9999 = P \cdot 11{,}9320.$$

Hiernach

$$X_1 = P \cdot \frac{11{,}9320}{155{,}9999} = P \cdot 0{,}0765.$$

Es berechnen sich folgende Momente:

Äußerer Längsträger. Abb. 260.
$$M_b = X_1 \cdot b = P \cdot 0{,}0765 \cdot 4 = + P \cdot 0{,}3060.$$

Innerer Längsträger. Abb. 261.
$$M_d = - X_1 \cdot b = - P \cdot 0{,}0765 \cdot 4 = - P \cdot 0{,}3060.$$

Äußerer Querträger. Abb. 262.
$$M_c = - X_1 \cdot d = - P \cdot 0{,}0765 \cdot 2 = - P \cdot 0{,}1530.$$

Innerer Querträger. Abb. 263.
$$M_d = X_1 \cdot d = P \cdot 0{,}0765 \cdot 2 = + P \cdot 0{,}1530.$$

Die Ergebnisse werden zunächst übersichtlich aufgetragen.

Teilbelastung II. Abb. 256.

Das Moment infolge der Belastung durch die Kräfte $\dfrac{P}{4}$ muß gleich dem Widerstandsmoment des Wasserdruckes sein. Hieraus der Druck an der äußersten Pontonkante

$$p = \frac{M}{W} = \frac{P}{2} \cdot c \cdot \frac{6}{m \cdot n^2} = \pm \frac{3 \cdot P \cdot c}{m \cdot n^2}.$$

In den Abb. 264 bis 268 sind die einzelnen Träger mit ihren Belastungen herausgezeichnet.

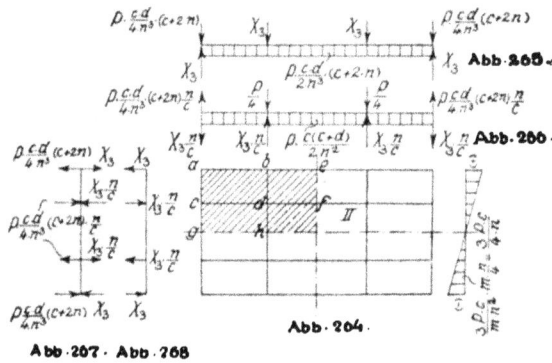

Abb. 204. Abb. 205. Abb. 206. Abb. 207. Abb. 268.

Äußerer Längsträger. Abb. 265.

(Von a bis b)

$$M_x = X_2 \cdot x + P \cdot \frac{c \cdot d}{2 \cdot m \cdot n^3}(c + 2 \cdot n) \cdot \frac{x^2}{2} - P \cdot \frac{c \cdot d}{4 \cdot n^3}(c + 2 \cdot n) \cdot x$$

$$\frac{\partial M_x}{\partial X_2} = x$$

$$\int_0^b \left\{ X_2 \cdot x^2 + P \cdot \frac{c \cdot d}{4 \cdot m \cdot n^3}(c + 2 \cdot n)x^3 - P \cdot \frac{c \cdot d}{4 \cdot n^3}(c + 2 \cdot n)x^2 \right\} dx$$

$$= X_2 \cdot \frac{b^3}{3} + P \cdot \frac{b^4 \cdot c \cdot d}{16 \cdot m \cdot n^3}(c + 2 \cdot n) - P \cdot \frac{b^3 \cdot c \cdot d}{12 \cdot n^3}(c + 2 \cdot n)$$

$$= X_2 \cdot \frac{64}{3} + P \cdot \frac{256 \cdot 3 \cdot 2}{16 \cdot 14 \cdot 343} \cdot 17 - P \cdot \frac{64 \cdot 3 \cdot 2}{12 \cdot 343} \cdot 17$$

$$= X_2 \cdot 21{,}3333 + P \cdot 0{,}3398 - P \cdot 1{,}5860$$

$$= X_2 \cdot 21{,}3333 - P \cdot 1{,}2462 \quad \ldots \ldots \ldots \ldots \ldots \quad \text{(I)}$$

(Von b bis e)

$$M_z = X_2 \cdot b + P \cdot \frac{c \cdot d}{2 \cdot m \cdot n^3} (c + 2 \cdot n) \frac{(b + x)^2}{2}$$

$$- P \cdot \frac{c \cdot d}{4 \cdot n^3} (c + 2 \cdot n)(b + x)$$

$$\frac{\partial M_z}{\partial X_2} = b$$

$$\int_0^{\frac{a}{2}} \left\{ X_2 \cdot b^2 + P \cdot \frac{b \cdot c \cdot d}{4 \cdot m \cdot n^3} (c + 2 \cdot n)(b + x)^2 \right.$$

$$\left. - P \cdot \frac{b \cdot c \cdot d}{4 \cdot n^3} (c + 2 \cdot n)(b + x) \right\} dx = X_2 \cdot \frac{a \cdot b^2}{2}$$

$$+ P \cdot \frac{a \cdot b \cdot c \cdot d}{8 \cdot m \cdot n^3} (c + 2 \cdot n) \left(b^2 + \frac{a \cdot b}{2} + \frac{a^2}{12} \right)$$

$$- P \cdot \frac{a \cdot b \cdot c \cdot d}{8 \cdot n^3} (c + 2 \cdot n) \left(\frac{a}{4} + b \right) = X_2 \cdot \frac{6 \cdot 16}{2}$$

$$+ P \cdot \frac{6 \cdot 4 \cdot 3 \cdot 2}{8 \cdot 14 \cdot 343} \cdot 17 \cdot 31 - P \cdot \frac{6 \cdot 4 \cdot 3 \cdot 2}{8 \cdot 343} \cdot 17 \cdot 5,5$$

$$= X_2 \cdot 48,0000 + P \cdot 1,9754 - P \cdot 4,9067$$

$$= X_2 \cdot 48,0000 - P \cdot 2,9313 \quad . \quad . \quad . \quad . \quad . \quad . \quad . \quad (II)$$

Innerer Längsträger. Abb. 266.

(Von c bis d)

$$M_z = - X_2 \cdot \frac{n}{c} \cdot x + P \cdot \frac{c(c + d)}{2 \cdot m \cdot n^2} \cdot \frac{x^2}{2} + P \cdot \frac{c \cdot d}{4 \cdot n^3} (c + 2 \cdot n) \frac{n}{c} \cdot x$$

$$\frac{\partial M_z}{\partial X_2} = - \frac{n}{c} \cdot x$$

$$\int_0^b \left\{ X_2 \cdot \frac{n^2}{c^2} \cdot x^2 - P \cdot \frac{(c + d)}{4 \cdot m \cdot n} \cdot x^3 - P \cdot \frac{d(c + 2 \cdot n)}{4 \cdot n \cdot c} \cdot x^2 \right\} dx$$

$$= X_2 \cdot \frac{b^3 \cdot n^2}{3 \cdot c^2} - P \cdot \frac{b^4 (c + d)}{16 \cdot m \cdot n} - P \cdot \frac{b^3 \cdot d (c + 2 \cdot n)}{12 \cdot c \cdot n}$$

$$= X_2 \cdot \frac{64 \cdot 49}{3 \cdot 9} - P \cdot \frac{256 \cdot 5}{16 \cdot 14 \cdot 7} - P \cdot \frac{64 \cdot 2 \cdot 17}{12 \cdot 3 \cdot 7} = X_2 \cdot 116,1482$$

$$- P \cdot 0,8163 - P \cdot 8,6349 = X_2 \cdot 116,1482 - P \cdot 9,4512 \quad . \quad (III)$$

(Von d bis f)

$$M_z = -X_2 \cdot \frac{n}{c} \cdot b + P \cdot \frac{c\,(c+d)}{2 \cdot m \cdot n^2} \frac{(b+x)^2}{2}$$

$$+ P \cdot \frac{c \cdot d}{4 \cdot n^3}\,(c+2 \cdot n)\frac{n}{c}\,(b+x) - \frac{P}{4} \cdot x$$

$$\frac{\partial M_z}{\partial X_2} = -\frac{n}{c} \cdot b$$

$$\int_0^{\frac{a}{2}}\left\{X_2 \cdot \frac{n^2}{c^2} \cdot b^2 - P \cdot \frac{b\,(c+d)\,(b+x)^2}{4 \cdot m \cdot n} - P \cdot \frac{b \cdot d\,(c+2 \cdot n)}{4 \cdot c \cdot n}\,(b+x)\right.$$

$$\left. + P \cdot \frac{b \cdot n}{4 \cdot c} \cdot x\right\}dx = X_2 \cdot \frac{a \cdot b^2 \cdot n^2}{2 \cdot c^2} - P \cdot \frac{a \cdot b\,(c+d)}{8 \cdot m \cdot n}\left(b^2 + \frac{a \cdot b}{2}\right.$$

$$\left.+ \frac{a^2}{12}\right) - P \cdot \frac{a \cdot b \cdot d\,(c+2 \cdot n)}{8 \cdot c \cdot n}\left(\frac{a}{4} + b\right) + P \cdot \frac{a^2 \cdot b \cdot n}{32 \cdot c}$$

$$= X_2 \cdot \frac{6 \cdot 16 \cdot 49}{2 \cdot 9} - P \cdot \frac{6 \cdot 4 \cdot 5}{8 \cdot 14 \cdot 7} \cdot 31 - P \cdot \frac{6 \cdot 4 \cdot 2 \cdot 17}{8 \cdot 3 \cdot 7} \cdot 5,5$$

$$+ P \cdot \frac{36 \cdot 4 \cdot 7}{32 \cdot 3} = X_2 \cdot 261{,}3333 - P \cdot 4{,}7449 - P \cdot 26{,}7143$$

$$+ P\,10{,}5000 = X_2 \cdot 261{,}3333 - P \cdot 20{,}9592 \quad . \quad . \quad . \quad . \quad . \quad \text{(IV)}$$

Äußerer Querträger. Abb. 267.

(Von a bis c)

$$M_z = X_2 \cdot x - P \cdot \frac{c \cdot d}{4 \cdot n^3}\,(c+2 \cdot n)\,x \qquad \frac{\partial M_z}{\partial X_2} = x$$

$$\int_0^d\left\{X_2 \cdot x^2 - P \cdot \frac{c \cdot d}{4 \cdot n^3}\,(c+2 \cdot n)\,x^2\right\}dx = X_2 \cdot \frac{d^3}{3} - P \cdot \frac{c \cdot d^4}{12 \cdot n^3}\,(c+2 \cdot n)$$

$$= X_2 \cdot \frac{8}{3} - P \cdot \frac{3 \cdot 16}{12 \cdot 343} \cdot 17 = X_2 \cdot 2{,}6667 - P \cdot 0{,}1983 \; . \quad \text{(V)}$$

(Von c bis g)

$$M_z = X_2 \cdot \frac{d}{c}\,(c - 2 \cdot x) - P \cdot \frac{d^2}{4 \cdot n^3}\,(c+2 \cdot n)\,(c - 2 \cdot x)$$

$$\frac{\partial M_z}{\partial X_2} = \frac{d}{c}\,(c - 2 \cdot x)$$

$$\int_0^{\frac{c}{2}}\left\{X_2 \cdot \frac{d^2}{c^2}\,(c - 2 \cdot x)^2 - P \cdot \frac{d^3}{4 \cdot c \cdot n^3}\,(c+2 \cdot n)\,(c - 2 \cdot x)^2\right\}dx$$

$$= X_2 \cdot \frac{c \cdot d^2}{6} - P \cdot \frac{c^2 \cdot d^3\,(c+2 \cdot n)}{24 \cdot n^3} = X_2 \cdot \frac{3 \cdot 4}{6} - P \cdot \frac{9 \cdot 8 \cdot 17}{24 \cdot 343}$$

$$= X_2 \cdot 2{,}0000 - P \cdot 0{,}1487 \quad . \quad . \quad . \quad . \quad . \quad . \quad . \quad . \quad \text{(VI)}$$

Innerer Querträger. Abb. 268.

(Von b bis d)

$$M_z = X_2 \cdot x \qquad \frac{\partial M_z}{\partial X_2} = x$$

$$\int_0^d X_2 \cdot x^2 \cdot dx = X_2 \cdot \frac{d^3}{3} = X_2 \cdot \frac{8}{3} = X_2 \cdot 2,6667 \quad . \quad . \text{ (VII)}$$

(Von d bis h)

$$M_z = X_2 \cdot \frac{d}{c} (c - 2 \cdot x) \qquad \frac{\partial M_z}{\partial X_2} = \frac{d}{c} (c - 2 \cdot x)$$

$$\int_0^{\frac{c}{2}} X_2 \cdot \frac{d^2}{c^2} (c - 2 \cdot x)^2 \, dx = X_2 \cdot \frac{c \cdot d^2}{6} = X_2 \cdot \frac{3 \cdot 4}{6} = X_2 \cdot 2,0000 \cdot \text{ (VIII)}$$

Zusammenfassung:

$X_2 \cdot 21,3333 + X_2 \cdot 48,0000 + X_2 \cdot 116,1482 + X_2 \cdot 261,3333$
$\quad + X_2 \cdot 2,6667 + X_2 \cdot 2,0000 + X_2 \cdot 2,6667 + X_2 \cdot 2,0000$
$\quad - P \cdot 1,2462 - P \cdot 2,9313 - P \cdot 9,4512 - P \cdot 20,9592$
$\quad - P \cdot 0,1983 - P \cdot 0,1487 = 0.$

Oder $\qquad\qquad X_2 \cdot 456,1482 = P \cdot 34,9349.$

Hieraus

$$X_2 = P \cdot \frac{34,9349}{456,1482} = P \cdot 0,0766.$$

Es berechnen sich folgende Momente:

Äußerer Längsträger. Abb. 265.

$$M_b = X_2 \cdot b = P \cdot 0,0766 \cdot 4 = \pm P \cdot 0,3064.$$

Innerer Längsträger. Abb. 266.

$$M = -X_2 \cdot \frac{n}{c} \cdot b = -P \cdot 0,0766 \cdot \frac{7}{3} \cdot 4 = \mp P \cdot 0,7149.$$

Äußerer Querträger. Abb. 267.

$$M_c = -X_2 \cdot d = -P \cdot 0,0766 \cdot 2 = \mp P \cdot 0,1532$$
$$M_g = \qquad\qquad\qquad\qquad = 0.$$

Innerer Querträger. Abb. 268.

$$M_d = X_2 \cdot d = P \cdot 0,0766 \cdot 2 = \pm P \cdot 0,1532$$
$$M_h = \qquad\qquad\qquad\qquad = 0.$$

Die Momente werden zunächst wieder übersichtlich aufgetragen.

Teilbelastung III. Abb. 257.

Das Moment infolge der Belastung durch die Kräfte $\dfrac{P}{4}$ muß gleich dem Widerstandsmoment der Wasserdrucke sein. Hiernach der Druck an der äußersten Pontonkante:

$$p = \frac{3 \cdot P \cdot a}{m^3 \cdot n}.$$

In den Abb. 269 bis 273 sind die einzelnen Träger mit ihren Belastungen herausgezeichnet.

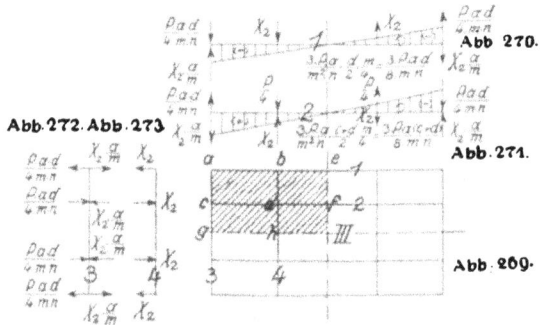

Äußerer Längsträger. Abb. 270.

(Von a bis b)

$$M_x = X_3 \cdot \frac{a}{m} \cdot x + P \cdot \frac{a \cdot d}{4 \cdot m^3 \cdot n} (3 \cdot m - 2 \cdot x)\, x^2 - P \cdot \frac{a \cdot d}{4\, m \cdot n} \cdot x$$

$$\frac{\delta M_x}{\delta X_3} = \frac{a}{m} \cdot x$$

$$\int_0^b \left\{ X_3 \cdot \frac{a^2 \cdot x^2}{m^2} + P \cdot \frac{a^2 \cdot d}{4 \cdot m^4 \cdot n} (3 \cdot m - 2 \cdot x)\, x^3 - P \cdot \frac{a^2 \cdot d}{4 \cdot m^2 \cdot n} \cdot x^2 \right\} dx$$

$$= X_3 \cdot \frac{a^2 \cdot b^3}{3 \cdot m^2} + P \cdot \frac{a^2 \cdot b^4 \cdot d}{4 \cdot m^4 \cdot n} \left(\frac{3 \cdot m}{4} - \frac{2 \cdot b}{5} \right) - P \cdot \frac{a^2 \cdot b^3 \cdot d}{12 \cdot m^2 \cdot n}$$

$$= X_3 \cdot \frac{36 \cdot 64}{3 \cdot 196} + P \cdot \frac{36 \cdot 256 \cdot 2}{3 \cdot 38416 \cdot 7} \left(\frac{3 \cdot 14}{4} - \frac{2 \cdot 4}{5} \right) - P \cdot \frac{36 \cdot 64 \cdot 2}{12 \cdot 196 \cdot 7}$$

$$- X_3 \cdot 3{,}9184 + P \cdot 0{,}1525 - P \cdot 0{,}2799 = X_3 \cdot 3{,}9184 - P \cdot 0{,}1274 \quad \text{(I)}$$

(Von b bis e)

$$M_x = X_3 \cdot \frac{b}{m} (a - 2 \cdot x)$$

$$+ P \cdot \frac{a \cdot d}{4 \cdot m^3 \cdot n} (2 \cdot m + a - 2 \cdot x)(b + x)^2 - P \cdot \frac{a \cdot d}{4 \cdot m \cdot n} (b + x)$$

$$\frac{\delta M_x}{\delta X_3} = \frac{b}{m} (a - 2 \cdot x)$$

$$\int_0^{\frac{a}{2}}\left\{X_3\cdot\frac{b^2}{m^2}(a-2\cdot x)^2+P\cdot\frac{a\cdot b\cdot d}{4\cdot m^4\cdot n}(2\cdot m+a-2\cdot x)(b+x)^2(a-2\cdot x)\right.$$

$$\left.-P\cdot\frac{a\cdot b\cdot d}{4\cdot m^3\cdot n}(b+x)(a-2\cdot x)\right\}dx=X_3\cdot\frac{a^3\cdot b^2}{6\cdot m^2}$$

$$+P\cdot\frac{a\cdot b\cdot d}{4\cdot m^4\cdot n}\cdot\frac{a^2}{2}\left(b^2\cdot m+\frac{a\cdot b^2}{3}+\frac{a\cdot b\cdot m}{3}+\frac{a^2\cdot b}{12}\right.$$

$$\left.+\frac{a^2\cdot m}{24}+\frac{a^3}{120}\right)-P\cdot\frac{a\cdot b\cdot d}{4\cdot m^3\cdot n}\cdot\frac{a^2}{4}\left(b+\frac{a}{6}\right)=X_3\cdot\frac{216\cdot 16}{6\cdot 196}$$

$$+P\cdot\frac{6\cdot 4\cdot 2}{4\cdot 38416\cdot 7}\cdot\frac{36}{2}\left(16\cdot 14+\frac{6\cdot 16}{3}+\frac{6\cdot 4\cdot 14}{3}+\frac{36\cdot 4}{12}\right.$$

$$\left.+\frac{36\cdot 14}{24}+\frac{216}{120}\right)-P\cdot\frac{6\cdot 4\cdot 2}{4\cdot 196\cdot 7}\cdot\frac{36}{4}\left(4+\frac{6}{6}\right)=X_3\cdot 2,9388$$

$$+P\cdot 0,3235-P\cdot 0,3936=X_3\cdot 2,9388-P\cdot 0,0701\ .\ \ .\ \ \text{(II)}$$

Innerer Längsträger. Abb. 271.

(Von c bis d)

$$M_s=-X_3\cdot\frac{a}{m}\cdot x+P\cdot\frac{a\,(d+c)}{4\cdot m^3\cdot n}(3\cdot m-2\cdot x)\,x^2+P\cdot\frac{a\cdot d}{4\cdot m\cdot n}\cdot x$$

Nach oben (äußerer Längsträger) ergibt sich

$$X_3\cdot\frac{a^2\cdot b^3}{3\cdot m^2}-P\cdot\frac{a^2\cdot b^4\,(d+c)}{4\cdot m^4\cdot n}\left(\frac{3\cdot m}{4}-\frac{2\cdot b}{5}\right)-P\cdot\frac{a^2\cdot b^3\cdot d}{12\cdot m^2\cdot n}$$

$$=X_3\cdot 3,9184-P\cdot 0,1525\cdot\frac{5}{2}-P\cdot 0,2799=X_3\cdot 3,9184$$

$$-P\cdot 0,3813-P\cdot 0,2799=X_3\cdot 3,9184-P\cdot 0,6612\ \ .\ \ \text{(III)}$$

(Von d bis f)

$$M_s=-X_3\cdot\frac{b}{m}(a-2\cdot x)+P\cdot\frac{a\,(d+c)}{4\cdot m^3\cdot n}(2\cdot m+a-2\cdot x)(b+x)^2$$

$$+P\cdot\frac{a\cdot d}{4\cdot m\cdot n}(b+x)-\frac{P}{4}\cdot x.$$

Nach oben (äußerer Längsträger) ergibt sich

$$X_3\cdot\frac{a^3\cdot b^2}{6\cdot m^2}-P\cdot\frac{a\cdot b\,(d+c)}{4\cdot m^4\cdot n}\cdot\frac{a^2}{2}\left(b^2\cdot m+\frac{a\cdot b^2}{3}+\frac{a\cdot b\cdot m}{3}+\frac{a^2\cdot b}{12}\right.$$

$$\left.+\frac{a^2\cdot m}{24}+\frac{a^3}{120}\right)-P\cdot\frac{a\cdot b\cdot d}{4\cdot m^2\cdot n}\cdot\frac{a^2}{4}\left(b+\frac{a}{6}\right)+P\cdot\frac{a^3\cdot b}{96\cdot m}$$

$$=X_3\cdot 2,9388-P\cdot 0,3235\cdot\frac{5}{2}-P\cdot 0,3936+P\cdot 0,6428$$

$$=X_3\cdot 2,9388-P\cdot 0,5597\ .\ \ .\ \ .\ \ .\ \ .\ \ .\ \ .\ \ .\ \ \text{(IV)}$$

Äußerer Querträger. Abb. 272.

(Von a bis c)

$$M_z = X_3 \cdot \frac{a}{m} \cdot x - P \cdot \frac{a \cdot d}{4 \cdot m \cdot n} \cdot x \qquad \frac{\partial M_z}{\partial X_3} = \frac{a}{m} \cdot x$$

$$\int_0^d \left(X_3 \cdot \frac{a^2}{m^2} \cdot x^2 - P \cdot \frac{a^2 \cdot d \cdot x^2}{4 \cdot m^2 \cdot n} \right) dx = X_3 \cdot \frac{a^2 \cdot d^3}{3 \cdot m^2} - P \cdot \frac{a^2 \cdot d^4}{12 \cdot m^2 \cdot n}$$

$$= X_3 \cdot \frac{36 \cdot 8}{3 \cdot 196} - P \cdot \frac{36 \cdot 16}{12 \cdot 196 \cdot 7} = X_3 \cdot 0{,}4898 - P \cdot 0{,}0350 \quad \text{(V)}$$

(Von e bis g)

$$M_z = X_3 \cdot \frac{a}{m} \cdot d - P \cdot \frac{a \cdot d^2}{4 \cdot m \cdot n} \qquad \frac{\partial M_z}{\partial X_3} = \frac{a}{m} \cdot d$$

$$\int_0^{\frac{c}{2}} \left\{ X_3 \cdot \frac{a^2}{m^2} \cdot d^2 - P \cdot \frac{a^2 \cdot d^3}{4 \cdot m^2 \cdot n} \right\} dx = X_3 \cdot \frac{a^2 \cdot c \cdot d^2}{2 \cdot m^2} - P \cdot \frac{a^2 \cdot c \cdot d^3}{8 \cdot m^2 \cdot n}$$

$$= X_3 \cdot \frac{36 \cdot 3 \cdot 4}{2 \cdot 196} - P \cdot \frac{36 \cdot 3 \cdot 8}{8 \cdot 196 \cdot 7} = X_3 \cdot 1{,}1021 - P \cdot 0{,}0787 \quad \text{(VI)}$$

Innerer Querträger. Abb. 273.

(Von b bis d)

> Man erhält nach früherem

$$X_3 \cdot 2{,}6666 \; \ldots \; \ldots \; \ldots \; \ldots \text{(VII)}$$

(Von d bis h)

> Man erhält nach früherem

$$X_3 \cdot 6{,}0000 \; \ldots \; \ldots \; \ldots \; \ldots \text{(VIII)}$$

Zusammenfassung:

$$X_3 \cdot 3{,}9184 + X_3 \cdot 2{,}9388 + X_3 \cdot 3{,}9184 + X_3 \cdot 2{,}9388 + X_3 \cdot 0{,}4898$$
$$+ X_3 \cdot 1{,}1021 + X_3 \cdot 2{,}6666 + X_3 \cdot 6{,}0000 - P \cdot 0{,}1274$$
$$- P \cdot 0{,}0701 - P \cdot 0{,}6612 - P \cdot 0{,}5597 - P \cdot 0{,}0350$$
$$- P \cdot 0{,}0787 = 0.$$

oder $\qquad\qquad X_3 \cdot 23{,}9729 = P \cdot 1{,}5321.$

Hiernach

$$X_3 = P \cdot \frac{1{,}5321}{23{,}9729} = P \cdot 0{,}0639.$$

Es ermitteln sich folgende Momente:

Äußerer Längsträger. Abb. 270.

$$M_b = X_3 \cdot \frac{a}{m} \cdot b - P \cdot 0{,}0639 \cdot \frac{6}{14} \cdot 4 = \pm P \cdot 0{,}1095$$

$$M_e = \qquad\qquad\qquad = 0.$$

Innerer Längsträger. Abb. 271.

$$M_d = -X_3 \cdot \frac{a}{m} \cdot b = -P \cdot 0{,}0639 \cdot \frac{6}{14} \cdot 4 = \mp P \cdot 0{,}1095$$

$$M_f = \qquad\qquad\qquad = 0.$$

Äußerer Querträger. Abb. 272.

$$M_c = -X_3 \cdot \frac{a}{m} \cdot d = -P \cdot 0{,}0639 \cdot \frac{6}{14} \cdot 2 = \mp P \cdot 0{,}0548.$$

Innerer Querträger. Abb. 273.

$$M_d = X_3 \cdot d = P \cdot 0{,}0639 \cdot 2 = \pm P \cdot 0{,}1278.$$

Die gefundenen Werte werden wie immer zunächst übersichtlich aufgetragen.

Teilbelastung IV. Abb. 258.

Die statische Sachlage wurde bei dem vorhergehenden Ponton bereits dargelegt. Vergleiche die Abb. 247 bis 250.

In den Abb. 274 bis 278 sind die einzelnen Träger mit ihren Belastungen herausgezeichnet.

Äußerer Längsträger. Abb. 275.

(Von a bis b)

$$M_x = X_4 \cdot \frac{a}{m} \cdot x \qquad \frac{\partial M_x}{\partial X_4} = \frac{a}{m} \cdot x$$

$$\int_0^b X_4 \cdot \frac{a^2}{m^2} \cdot x^2 \cdot dx = X_4 \cdot \frac{a^2 \cdot b^3}{3 \cdot m^2} = X_4 \cdot \frac{36 \cdot 64}{3 \cdot 196} = X_4 \cdot 3{,}9185 \quad \text{(I)}$$

(Von b bis e)

$$M_x = X_4 \cdot \frac{b}{m} (a - 2 \cdot x) \qquad \frac{\partial M_x}{\partial X_4} = \frac{b}{m} (a - 2 \cdot x)$$

$$\int_0^{\frac{a}{2}} X_4 \cdot \frac{b^2}{m^2} (a - 2 \cdot x)^2 dx = X_4 \cdot \frac{a^3 \cdot b^2}{6 \cdot m^2} = X_4 \cdot \frac{216 \cdot 16}{6 \cdot 196} = X_4 \cdot 2{,}9388 \quad \text{(II)}$$

Innerer Längsträger. Abb. 276.

(Von c bis d)

$$M_x = - X_4 \cdot \frac{n \cdot a}{c \cdot m} \cdot x \qquad \frac{\delta M_x}{\delta X_4} = - \frac{n \cdot a}{c \cdot m} \cdot x$$

$$\int_0^b X_4 \cdot \frac{a^2 \cdot n^2}{c^2 \cdot m^2} \cdot x^2 \cdot dx = X_4 \cdot \frac{a^3 \cdot b^3 \cdot n^2}{3 \cdot c^2 \cdot m^2} = X_4 \cdot \frac{36 \cdot 64 \cdot 49}{3 \cdot 9 \cdot 196}$$

$$= X_4 \cdot 21{,}3333 \quad . \quad . \quad . \quad . \quad . \quad . \quad \text{(III)}$$

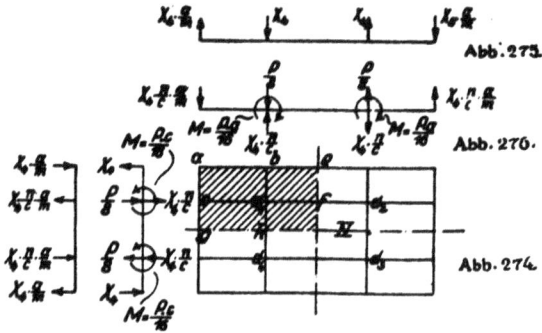

Abb. 273.

Abb. 276.

Abb. 274.

Abb. 277. Abb. 278.

(Von d bis f)

$$M_x = - X_4 \cdot \frac{b \cdot n}{c \cdot m} (a - 2 \cdot x) - \frac{P}{8} \cdot x + P \cdot \frac{a}{16}$$

$$= - X_4 \cdot \frac{b \cdot n}{c \cdot m} (a - 2 \cdot x) + \frac{P}{16} (a - 2 \cdot x)$$

$$\frac{\delta M_x}{\delta X_4} = - \frac{b \cdot n}{c \cdot m} (a - 2 \cdot x)$$

$$\int_0^{\frac{a}{2}} \left\{ X_4 \cdot \frac{b^2 \cdot n^2}{c^2 \cdot m^2} (a - 2x)^2 - P \cdot \frac{b \cdot n}{16 \cdot c \cdot m} (a - 2x)^2 \right.$$

$$= X_4 \cdot \frac{a^3 \cdot b^2 \cdot n^2}{6 \cdot c^2 \cdot m^2} - P \cdot \frac{a^3 \cdot b \cdot n}{96 \cdot c \cdot m} = X_4 \cdot \frac{216 \cdot 16 \cdot 49}{6 \cdot 9 \cdot 196}$$

$$- P \cdot \frac{216 \cdot 4 \cdot 7}{96 \cdot 3 \cdot 14} = X_4 \cdot 16{,}0000 - P \cdot 1{,}5000 \quad . \quad . \quad . \quad \text{(IV)}$$

Äußerer Querträger. Abb. 277.

(Von a bis c)

$$M_x = X_4 \cdot \frac{a}{m} \cdot x \qquad \frac{\delta M_x}{\delta X_4} = \frac{a}{m} \cdot x$$

$$\int_0^d X_4 \cdot \frac{a^2}{m^2} \cdot x^2 \cdot dx = X_4 \cdot \frac{a^2 \cdot d^3}{3 \cdot m^2} = X_4 \cdot \frac{36 \cdot 8}{3 \cdot 196} = X_4 \cdot 0{,}4898 \quad \text{(V)}$$

(Von c bis g)

$$M_z = X_4 \cdot \frac{a \cdot d}{c \cdot m}(c - 2 \cdot x) \qquad \frac{\partial M_z}{\partial X_4} = \frac{a \cdot d}{c \cdot m}(c - 2 \cdot x)$$

$$\int_0^{\frac{c}{2}} X_4 \cdot \frac{a^2 \cdot d^2}{c^2 \cdot m^2}(c - 2 \cdot x)^2 \, dx = X_4 \cdot \frac{a^2 \cdot c \cdot d^2}{6 \cdot m^2} = X_4 \cdot \frac{36 \cdot 3 \cdot 4}{6 \cdot 196}$$

$$= X_4 \cdot 0{,}3673 \quad . \quad . \quad . \quad . \quad . \quad . \quad \text{(VI)}$$

Innerer Querträger. Abb. 278.

(Von b bis d)

$$M_z = -X_4 \cdot x \qquad \frac{\partial M_z}{\partial X_4} = -x$$

$$\int_0^d X_4 \cdot x^2 \cdot dx = X_4 \cdot \frac{d^3}{3} = X_4 \cdot \frac{8}{3} = X_4 \cdot 2{,}6667 \quad . \quad . \quad \text{(VII)}$$

(Von d bis h)

$$M_z = -X_4 \cdot \frac{d}{c}(c - 2 \cdot x) - \frac{P}{16}(c - 2 \cdot x) \qquad \frac{\partial M_z}{\partial X_4} = -\frac{d}{c}(c - 2 \cdot x)$$

$$\int_0^{\frac{c}{2}} \left\{ X_4 \cdot \frac{d^2}{c^2}(c - 2 \cdot x)^2 + P \cdot \frac{d}{16\,c}(c - 2 \cdot x)^2 \right\} dx = X_4 \cdot \frac{c \cdot d^2}{6}$$

$$+ P \cdot \frac{c^2 \cdot d}{96} = X_4 \cdot \frac{3 \cdot 4}{6} + P \cdot \frac{9 \cdot 2}{96} = X_4 \cdot 2{,}0000 + P \cdot 0{,}1875 \quad \text{(VIII)}$$

Zusammenfassung:

$$X_4 \cdot 3{,}9185 + X_4 \cdot 2{,}9388 + X_4 \cdot 21{,}3333 + X_4 \cdot 16{,}0000 + X_4 \cdot 0{,}4898$$
$$+ X_4 \cdot 0{,}3673 + X_4 \cdot 2{,}6667 + X_4 \cdot 2{,}0000 - P \cdot 1{,}5000$$
$$+ P \cdot 0{,}1875 = 0$$

Oder $\qquad X_4 \cdot 49{,}7144 = P \cdot 1{,}3125.$

Hieraus

$$X_4 = P \cdot \frac{1{,}3125}{49{,}7144} = P \cdot 0{,}0264.$$

Es berechnen sich folgende Momente:

Äußerer Längsträger. Abb. 275.

$$M_b = X_4 \cdot \frac{a}{m} \cdot b = P \cdot 0{,}0264 \cdot \frac{6}{14} \cdot 4 = \pm P \cdot 0{,}0453$$

$$M_e = \qquad\qquad\qquad\qquad = 0.$$

Innerer Längsträger: Abb. 276.

$$M_d = - X_4 \cdot \frac{n \cdot a}{c \cdot m} \cdot b = - P \cdot 0{,}0264 \cdot \frac{7 \cdot 6}{3 \cdot 14} \cdot 4 = \mp P \cdot 0\,1056$$

$$M_f = \qquad\qquad\qquad = 0.$$

Äußerer Querträger. Abb. 277.

$$M_c = - X_4 \cdot \frac{a}{m} \cdot d = - P \cdot 0{,}0264 \cdot \frac{6}{14} \cdot 2 = \mp P \cdot 0{,}0226$$

$$M_s = \qquad\qquad\qquad = 0$$

Innerer Querträger. Abb. 278.

$$M_d = X_4 \cdot d = P \cdot 0{,}0264 \cdot 2 = \pm P \cdot 0{,}0528$$

$$M_f = \qquad\qquad = 0.$$

Die Momente werden wieder übersichtlich aufgetragen.

Man setzt nunmehr die Momente aus allen vier Teilbelastungen zusammen und erhält die in der Abb. 279 dargestellten Restwerte.

Um nun endlich die unter Mitwirkung der Größen X auftretenden tatsächlichen Momente zu erhalten, werden die Werte in der Abb. 251 mit den in der Abb. 279 gefundenen vereinigt. Man gewinnt dann die in der Abb. 280 zur Darstellung gebrachten Ergebnisse. Ein Ver-

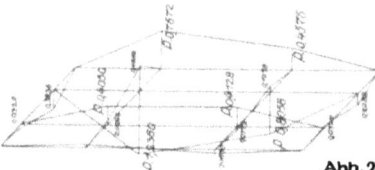

Abb. 279

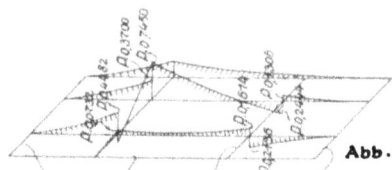

Abb. 280.

Die Momente an diesen Trägern sind sehr schwach

gleich dieser Werte mit den Werten in der Abb. 251 zeigt, welchen erheblichen Einfluß die Größen X auf die Verteilung der Kräfte haben.

Wenn, wie früher erwähnt, die Annahme berechtigt erscheint, daß die Spanten als durchgehende Balken auf vier Stützen wirken, dann geben die Glieder etwas andere Drucke gegen die Längsträger ab, als bei gewöhnlicher Balkenanordnung. Selbstverständlich beeinflußt die Kontinuität der Spanten die statischen Vorgänge am ganzen Tragsystem, — die Aufgabe wird dadurch hochgradig statisch unbestimmbar. Es leuchtet jedoch ein, daß der Einfluß außerordentlich gering ist und vernachlässigt werden darf. Aus dem Grunde, weil die Elastizität der dünnen Spanten sehr groß ist und demgegenüber die schweren und hohen Hauptträger als nahezu starr angenommen werden dürfen.

In den Abb. 281 u. 282 sind die Spanten mit den beiden in Frage kommenden Belastungsarten dargestellt. Trägheitsmoment unveränderlich.

Die Auflagerdrucke betragen:

Fall 1.

$$X = \frac{p}{4} \cdot \frac{3 \cdot d^3 + 6 \cdot c \cdot d^2 - c^3}{d\,(3 \cdot c + 2 \cdot d)}$$

$$A = p \cdot \frac{n}{2} - X.$$

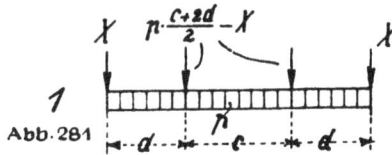

Abb. 281

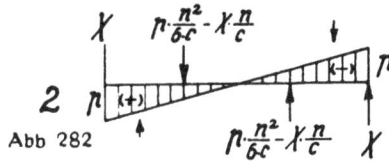

Abb. 282

Wenn $c = 0$ und $d = \frac{n}{2}$, dann ergibt sich

$$X = p \cdot n \cdot \frac{3}{16}$$

$$A = p \cdot n \cdot \frac{10}{16}.$$

Wenn $c = \frac{n}{3}$ und $d = \frac{n}{3}$, dann folgt:

$$X = p \cdot n \cdot \frac{2}{15}$$

$$A = p \cdot n \cdot \frac{11}{30}.$$

Fall 2.

$$X = \frac{6 \cdot p}{n \cdot d} \left\{ d^3 \left(\frac{1}{8} - \frac{d}{15 \cdot n} \right) + \frac{c}{8} \left(d^2 + \frac{c \cdot d}{3} + \frac{c^2}{24} \right) \right.$$

$$\left. - \frac{c \cdot n^2}{144} - \frac{c}{12 \cdot n} \left(d^3 + \frac{c \cdot d^2}{2} + \frac{c^2 \cdot d}{8} + \frac{c^3}{80} \right) \right\}$$

$$A = p \cdot \frac{n^2}{6 \cdot c} - X \cdot \frac{n}{c}.$$

Wenn $c = 0$ und $d = \frac{n}{2}$, dann hat man

$$X = p \; n \cdot \frac{11}{80}.$$

Wenn $c = \frac{n}{3}$ und $d = \frac{n}{3}$, dann wird

$$X = p \cdot n \cdot \frac{1}{9}$$

$$A = p \cdot n \cdot \frac{1}{6}.$$

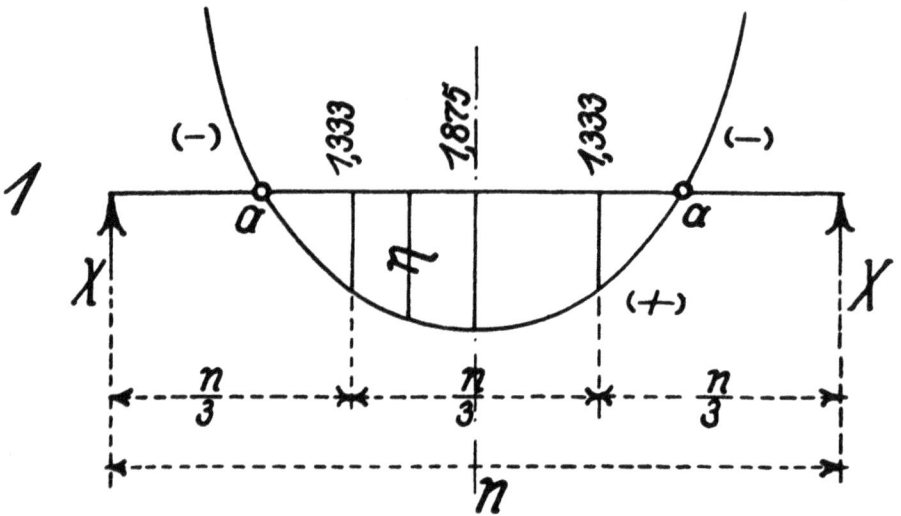

Abb. 283.

$$X = p \cdot n \cdot \frac{\eta}{10}$$

η in cm abgreifen.

Die obigen beiden allgemeinen Formeln sind ziemlich umständlich. Schneller und leichter können die Auflagergrößen X nach den Einflußlinien der Abb. 283 u. 284 ermittelt werden. Die Ordinaten der Linien unter den mittleren Stützen liefern ohne weiteres die gesuchten Größen.

Fall 1.

$$X = p \cdot n \cdot \frac{\eta}{10} \quad (\eta \text{ in cm abgreifen}).$$

Beispiele:

bei $c = d = \dfrac{n}{3}$ wird

$$X = p \cdot n \cdot \frac{1.3333}{10} = p \cdot n \cdot 0{,}1333,$$

bei $c = 0$ und $d = \dfrac{n}{2}$ wird

$$X = p \cdot n \cdot \frac{1{,}875}{10} = p \cdot n \cdot 0{,}1875.$$

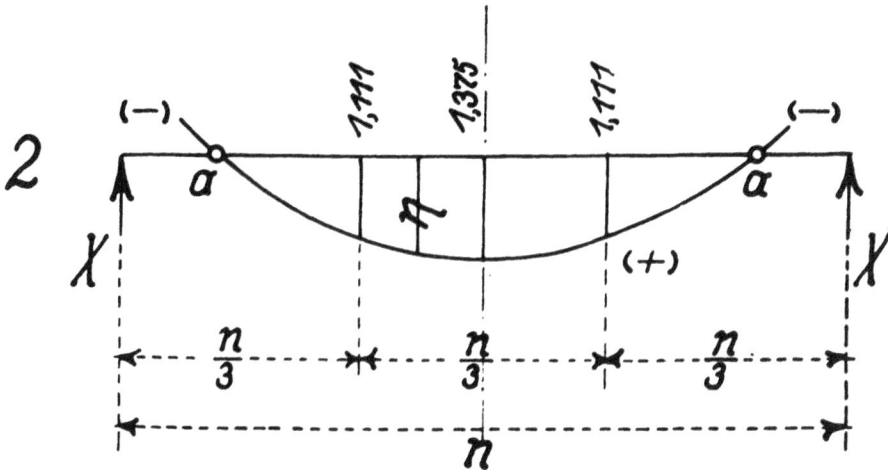

Abb · 284 ·

$$X = p \cdot n \cdot \frac{\eta}{10}$$

η in cm abgreifen.

Fall 2.

$$X = p \cdot n \cdot \frac{\eta}{10} \quad (\eta \text{ in cm abgreifen}).$$

Beispiele:

bei $c = d = \dfrac{n}{3}$ wird

$$X = p \cdot n \cdot \frac{1{,}111}{10} = p \cdot n \cdot 0{,}1111,$$

bei $c = 0$ und $d = \dfrac{n}{3}$ wird

$$X = p \cdot n \cdot \frac{1{,}375}{10} = p \cdot n \cdot 0{,}1375.$$

Befinden sich in beiden Fällen die mittleren Stützen unter den Punkten a, dann werden die Stützendrucke $X = $ Null.

Beispiel 22. Ein Ponton mit víer Längsträgern und fünf Querträgern nach Abb. 285. Der Fall ist sechsfach statisch unbestimmt. Als unbekannte Größen werden wie immer die Reaktionen X der Querträgerenden an den äußeren Längsträgern eingeführt. Wir ordnen die Belastung um in die Teilbelastungen I, II, III und IV. Abb. 286, 287, 288 und 289. Wir haben dann folgende Zustände:

Teilbelastung   I. Unbekannt X_a und X_b,

»   II.   » X_a,

»   III.   » X_a und X_b,

»   IV.   » X_a.

Es bedeuten wie früher

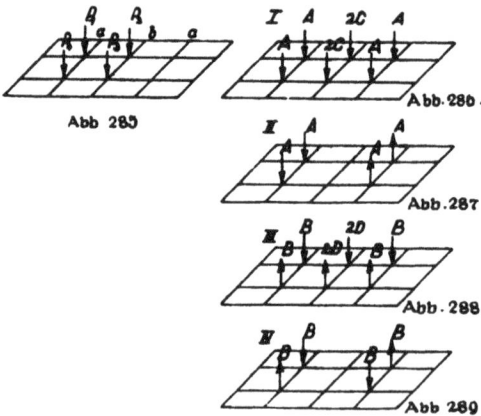

Abb 285

Abb. 286.

Abb. 287

Abb. 288.

Abb 289

$$A = \frac{P_1}{4} + \frac{P_4}{4}$$

$$B = \frac{P_1}{4} - \frac{P_4}{4}$$

$$C = \frac{P_2}{4} + \frac{P_3}{4}$$

$$D = \frac{P_2}{4} - \frac{P_3}{4}.$$

Beispiel 23. Ein Ponton nach Abb. 290, bestehend aus vier Längsträgern und vier Querträgern.

Die Zwischenspanten sind parallel zu den Querträgern angeordnet.

Die Belastung, hervorgerufen durch einen drehbaren Auslegerkran, ist in der Abbildung angegeben. Sie gilt für die Auslegerstellung quer zur Längsrichtung des Pontons. Die Abb. 291 zeigt die Belastung, wenn der Ausleger um 90^0 geschwenkt ist, also gleichlaufend zur Längsrichtung steht. Für die statische Untersuchung sollen hier nur diese beiden Hauptstellungen des Kranauslegers in Betracht gezogen werden. Für jeden Fall ist die Aufgabe zweifach statisch unbestimmt. Die Berechnung nach dem gewöhnlichen Verfahren, indem man zwei Elastizitätsgleichungen mit zwei Unbekannten aufstellt, ist dermaßen weitläufig, daß schon ein Versuch genügt, um die praktische Unmöglichkeit dieses Weges einzusehen. Wir wenden daher wieder das Verfahren der Belastungsumordnung an und kommen mühelos zum Ziele.

Belastungsfall A. Ausleger quer zur Längsrichtung. Abb. 290.

Die Abb. 292 u. 293 zeigen die Umordnung der Belastung in die beiden Teilbelastungen I und II. Jede derselben ist für sich einfach

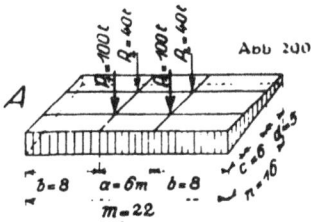

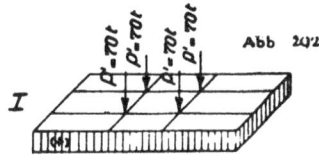

statisch unbestimmt. Wir führen als unbekannte Größe jedesmal die Reaktion der mittleren Querträgerenden an den äußeren Längsträgern ein. Bei der Teilbelastung I haben wir X_1, bei der Teilbelastung II X_2. Die Integrationen erstrecken sich wegen der Symmetrie der Konstruktion und der Belastung immer nur über ein Viertel des ganzen Tragwerks. Die Ermittlung der Unbekannten erfolgt nach der Bedingung

$$\int \frac{M_x}{J \cdot E} \cdot \frac{\partial M_x}{\partial X} \cdot dx = 0.$$

Teilbelastung I. Abb. 292.

Die Belastung 4 P' verteilt sich gleichmäßig auf die Tragfläche. Der Auftrieb des Wassers ist

$$p = \frac{4 \cdot P'}{m \cdot n} \quad \text{für die Flächeneinheit.}$$

Dies ist die Eintauchtiefe des Pontons $t = p$.

In den Abb. 294 bis 298 sind die einzelnen Träger mit ihren Belastungen herausgezeichnet.

Es möge sein $J_2 = 2 \cdot J_1$, oder, was dasselbe ist, $J_1 = 1$ und $J_2 = 2$.
Die obige Bedingungsgleichung nach X_1 liefert
$$X_1 = 0{,}292 \cdot P.$$

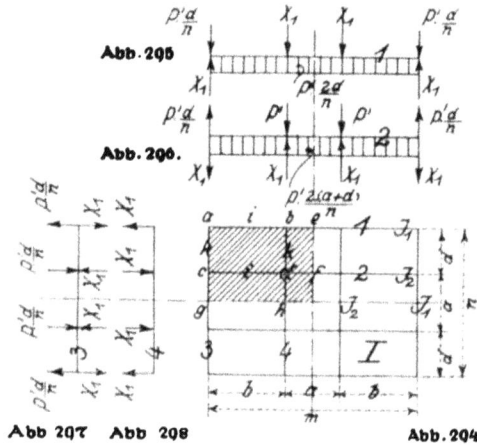

Abb. 295   Abb. 296.   Abb 297 Abb 298   Abb. 204

Hiernach berechnen sich folgende Momente:

Äußerer Längsträger. Abb. 295.

$$M_i = P' \cdot 0{,}292 \cdot 4 + P' \cdot \frac{2 \cdot 5}{22 \cdot 16} \cdot \frac{\overset{-2}{4}}{2} - P' \cdot \frac{5}{16} \cdot 4$$
$$= P' \cdot 1{,}1680 + P' \cdot 0{,}2273 - P' \cdot 1{,}2500 = P' \cdot 0{,}1453$$
$$= 70 \cdot 0.1453 = + 10{,}171\, t \cdot m$$

$$M_\flat = P' \cdot 0{,}292 \cdot 8 + P' \cdot \frac{2 \cdot 5}{22 \cdot 16} \cdot \frac{\overset{-2}{8}}{2} - P' \cdot \frac{5}{16} \cdot 8$$
$$= P' \cdot 2{,}3360 + P' \cdot 0{,}9091 - P' \cdot 2{,}500 = P' \cdot 0{,}7451$$
$$= 70 \cdot 0{,}7451 = + 52{,}157\, t \cdot m$$

$$M_e = P' \cdot 0{,}292 \cdot 8 + P' \cdot \frac{2 \cdot 5}{22 \cdot 16} \cdot \frac{\overset{-2}{11}}{2} - P' \cdot \frac{5}{16} \cdot 11$$
$$= P' \cdot 2{,}3360 + P' \cdot 1{,}719 - P' \cdot 3{,}438 = P' \cdot 0{,}6170$$
$$= 70 \cdot 0{,}6170 = + 43{,}190\, t \cdot m.$$

Innerer Längsträger. Abb 296.

$$M_i = - P' \cdot 0{,}292 \cdot 4 + P' \cdot \frac{2 \cdot 11}{22 \cdot 16} \cdot \frac{\overset{-2}{4}}{2} + P' \cdot \frac{5}{16} \cdot 4$$
$$= - P' \cdot 1{,}1680 + P' \cdot 0{,}5000 + P' \cdot 1{,}2500 = P' \cdot 0{,}5820$$
$$= 70 \cdot 0{,}5820 = + 40{,}740\, t \cdot m$$

$$M_d = -P' \cdot 0{,}292 \cdot 8 + P' \cdot \frac{2 \cdot 11}{22 \cdot 16} \cdot \frac{\overset{2}{8}}{2} + P' \cdot \frac{5}{16} \cdot 8$$

$$= -P' \cdot 2{,}3360 + P' \cdot 2{,}000 + P' \cdot 2{,}5000 = P' \cdot 2{,}1640$$

$$= 70 \cdot 2{,}1640 = +151{,}480 \, t \cdot m$$

$$M_f = -P' \cdot 0{,}292 \cdot 8 + P' \cdot \frac{2 \cdot 11}{22 \cdot 16} \cdot \frac{\overset{2}{11}}{2} + P' \cdot \frac{5}{16} \cdot 11 - P' \cdot 3$$

$$= -P' \cdot 2{,}3360 + P' \cdot 3{,}7812 + P' \cdot 3{,}4380 - P' \cdot 3$$

$$= P' \cdot 1{,}8832 = 70 \cdot 1{,}8832 = +131{,}824 \, t \cdot m.$$

Äußerer Querträger. Abb. 297.

$$M_c = -P' \cdot 0{,}292 \cdot 5 + P' \cdot \frac{5}{16} \cdot 5,$$

$$= -P' \cdot 1{,}4600 + P' \cdot 1{,}5625 = P' \cdot 0{,}1025$$

$$= 70 \cdot 0{,}1025 = +7{,}175 \, t \cdot m$$

$$M_g = \qquad\qquad\qquad\qquad = +7{,}175 \, t \cdot m.$$

Innerer Querträger. Abb. 298.

$$M_d = P' \cdot 0{,}292 \cdot 5 = P' \cdot 1{,}4600 = 70 \cdot 1{,}4600 = +102{,}20 \, t \cdot m$$

$$M_h = \qquad\qquad\qquad\qquad\qquad = +102{,}20 \, t \cdot m.$$

Man trägt die gefundenen Momente zweckmäßig übersichtlich auf.

Teilbelastung II. Abb. 293.

Das Moment infolge der Belastung durch die Kräfte P'' muß gleich dem Widerstandsmoment der Wasserdrucke sein:

$$2 \cdot P'' \cdot a = \frac{m \cdot n^2}{6} \cdot p$$

oder

$$p = \frac{12 \cdot P'' \cdot a}{m \cdot n^2}.$$

Dies ist der Wasserdruck für die Flächeneinheit an der Ponton-kante.

In den Abb. 299 bis 303 sind die einzelnen Träger mit ihren Belastungen herausgezeichnet.

Es war angenommen $J_1 = 1$, $J_2 = 2$.

Nach der früheren Bedingungsgleichung erhält man

$$X_2 = 0{,}277 \, P''.$$

Hiernach berechnen sich folgende Momente:

Äußerer Längsträger. Abb. 300.

$$M_i = P'' \cdot 0,277 \cdot 4 + P'' \cdot \frac{2 \cdot 6 \cdot 5}{22 \cdot 16^3} \cdot 38 \cdot \frac{\overline{4}^2}{2} - P'' \cdot \frac{6 \cdot 5}{16^3} \cdot 38 \cdot 4$$

$$= P'' \cdot 1,108 + P'' \cdot 0,2024 - P'' \cdot 1,1133 = P'' \cdot 0,1971$$

$$= 30 \cdot 0,1971 = +5,913\, t \cdot m$$

$$M_b = P'' \cdot 0,277 \cdot 8 + P'' \cdot \frac{2 \cdot 6 \cdot 5}{22 \cdot 16^3} \cdot 38 \cdot \frac{\overline{8}^2}{2} - P'' \cdot \frac{6 \cdot 5}{16^3} \cdot 38 \cdot 8$$

$$= P'' \cdot 2,216 + P'' \cdot 0,8096 - P'' \cdot 2,2266 = P'' \cdot 0,7990$$

$$= 30 \cdot 0,7990 = +23,970\, t \cdot m$$

$$M_e = P'' \cdot 0,277 \cdot 8 + P'' \cdot \frac{2 \cdot 6 \cdot 5}{22 \cdot 16^3} \cdot 38 \cdot \frac{\overline{11}^2}{2} - P'' \cdot \frac{6 \cdot 5}{16^3} \cdot 38 \cdot 11$$

$$= P'' \cdot 2,216 + P'' \cdot 1,5307 - P'' \cdot 3,0615 = P'' \cdot 0,6852$$

$$= 30 \cdot 0,6852 = +20,556\, t \cdot m.$$

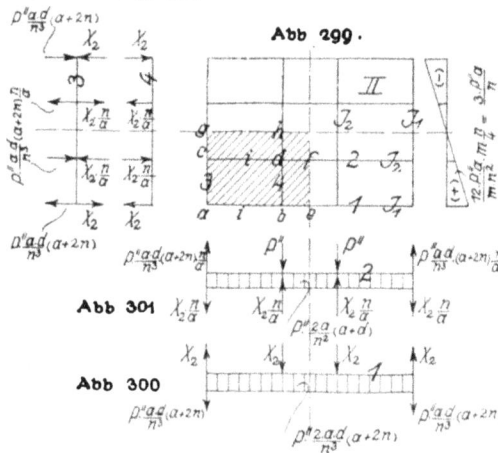

Abb. 302   Abb 303   Abb 299.   Abb 301   Abb 300

Innerer Längsträger. Abb. 301.

$$M_i = - P'' \cdot 0,277 \cdot \frac{16}{6} \cdot 4 + P'' \cdot \frac{2 \cdot 6}{22 \cdot 16^2} \cdot 11 \cdot \frac{\overline{4}^2}{2}$$

$$+ \cdot P'' \cdot \frac{6 \cdot 5}{16^3} \cdot 38 \cdot \frac{16}{6} \cdot 4$$

$$= - P'' \cdot 2,9547 + P'' \cdot 0,1875 + P'' \cdot 2,9687 = P'' \cdot 0,2015$$

$$= 30 \cdot 0,2015 = +6,045\, t \cdot m$$

$$M_d = -P'' \cdot 0{,}277 \cdot \frac{16}{6} \cdot 8 + P'' \cdot \frac{2 \cdot 6}{22 \cdot 16^2} \cdot 11 \cdot \frac{\overset{2}{\overline{8}}}{2}$$

$$+ P'' \cdot \frac{6 \cdot 5}{16^3} \cdot 38 \cdot \frac{16}{6} \cdot 8$$

$$= -P'' \cdot 5{,}9094 + P'' \cdot 0{,}7500 + P'' \cdot 5{,}9375 = P'' \cdot 0{,}7781$$

$$= 30 \cdot 0{,}7781 = +23{,}343 \, t \cdot m$$

$$M_f = -P'' \cdot 0{,}277 \cdot \frac{16}{6} \cdot 8 + P'' \cdot \frac{2 \cdot 6}{22 \cdot 16^2} \cdot 11 \cdot \frac{\overset{2}{\overline{11}}}{2}$$

$$+ P'' \cdot \frac{6 \cdot 5}{16^3} \cdot 38 \cdot \frac{16}{6} \cdot 11 \; - P'' \cdot 3$$

$$= -P'' \cdot 5{,}9094 + P'' \cdot 1{,}4180 + P'' \cdot 8{,}1641 - P'' \cdot 3$$

$$= P'' \cdot 0{,}6727 = 30 \cdot 0{,}6727 = +20{,}181 \, t \cdot m.$$

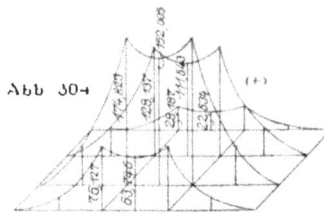

Abb 304

Abb 305

Äußerer Querträger. Abb. 302.

$$M_c = -P'' \cdot 0{,}277 \cdot 5 + P'' \cdot \frac{6 \cdot 5}{16^3} \cdot 38 \cdot 5$$

$$= -P'' \cdot 1{,}385 + P'' \cdot 1{,}3916 = P'' \cdot 0{,}0066$$

$$= 30 \cdot 0{,}0066 = +0{,}198 \, t \cdot m$$

$$M_g = \qquad\qquad\qquad\qquad\qquad = 0.$$

Innerer Querträger. Abb. 303.

$$M_d = P'' \cdot 0{,}277 \cdot 5 = P'' \cdot 1{,}385 = 30 \cdot 1{,}385 = +41{,}550 \, t \cdot m$$

$$M_h = \qquad\qquad\qquad\qquad\qquad = 0.$$

Man trägt die gewonnenen Werte zunächst wieder übersichtlich auf.

Die tatsächlich wirksamen Momente ergeben sich nun, wenn man die Momente aus den beiden Teilbelastungen I und II sinngemäß vereinigt. Das ist in den Abb. 304 u. 305 geschehen. Die Abb. 304 veranschaulicht die Momente an den Längsträgern, während die Abb. 305 die Momente an den Querträgern zur Darstellung bringt.

Selbstverständlich können auf Grund der Größen X auch leicht die an den Trägern auftretenden Querkräfte aufgestellt werden.

Belastungsfall B. Ausleger in Längsrichtung des Pontons. Abb. 291.

Die Berechnung erfolgt in derselben Weise wie bei dem Belastungsfall A unter Zugrundelegung von zwei Teilbelastungen I und II. Man braucht nur die Kräftegruppen in den Abb. 292 u. 293 um 90° gedreht denken.

Erscheint die Untersuchung des Tragwerks auch für eine Übereckstellung des Kranauslegers geboten, so wird hierfür auf die einführenden Worte dieses Kapitels und auf die Behandlung der Teilbelastung IV des Beispiels 21 verwiesen.

VERLAG R. OLDENBOURG, MÜNCHEN-BERLIN

Vom gleichen Verfasser ist früher erschienen:

DIE STATIK
DES EISENBAUES

XI und 521 Seiten gr. 8⁰. Mit 810 Abbildungen und 1 Tafel

Preis in Leinwand gebunden M. 20.—
und 10% Sortiments-Kriegszuschlag

INHALTSÜBERSICHT:

Druckstäbe und Säulen — Gebäude, Werkstätten und Hallen — Kranlaufbahnen
— Luftschiffhallen — Hellinggerüste — Fördergerüste — Kühltürme —
Brücken — Praktische Aufgaben.

Der Verfasser setzt in seinem Werk die allgemeinen Kenntnisse der statischen Gesetze
voraus, das ist bei einem Werk über die Statik des Eisenbaues berechtigt, ebenso aber auch, daß
die Grundlagen statischer Gesetze in Anwendung auf den Eisenbau kurz dargestellt werden.
Der Verfasser behandelt das ganze in seiner Art vorzüglich dargestellte Gebiet an Hand bestimmter
Rechnungs- und Konstruktionsbeispiele, er leistet praktische Arbeit mit der Theorie, er setzt
letztere als unerläßliches Rüstzeug des Konstrukteurs voraus und bearbeitet Sonderaufgaben in
reichster Fülle gerade für den Praktiker. Er spart diesem Zeit, da die Beispiele so gewählt sind,
daß an Hand derselben die Grundlagen für beinahe alle vorkommenden Aufgaben gegeben sind.
Man spürt lebendig gewordene Praxis wie einen starken Hauch das ganze Werk durchziehend,
die ganze Materie erwärmend. Die beigegebenen Figuren sind scharf und trefflich wiedergegeben,
Druck und Ausstattung für den Krieg musterhaft. Wenn trotz des Krieges ein derartiges Werk
auf dem Büchermarkt erscheint, so darf es um so freudiger begrüßt werden, es ist eines jener
nicht allzuhäufigen Werke, das neben strenger Wissenschaftlichkeit den Forderungen der Praxis
bewußt und erfolgreich Rechnung trägt. **Der Industriebau.**

Seiner bereits in zweiter Auflage erschienenen »Statik des Kranbaues«, die sich in
Fachkreisen schon lange vielfacher Anerkennung erfreute, hat der Verfasser nunmehr eine »Statik
des Eisenbaues« folgen lassen, die eine größere Anzahl von Verwendungsgebieten behandelt, zum
Teil auch in das Gebiet des erstgenannten Werkes übergreift ... Die bekannten Vorzüge der
Andreeschen Schreibweise kommen in dem neuen Werke so recht zur Geltung. Der Verfasser
hat auch hier kein Lehrbuch im gewöhnlichen Sinne geschrieben, er will vielmehr durch eine
große Anzahl — über hundert — sorgfältig ausgewählter Musterbeispiele belehrend wirken ...
Er erweist sich durchweg als ein Meister in der Beherrschung auch der schwierigeren Berechnungsverfahren und versteht es, überall mit sicherem Blick das Wesentliche herauszukehren, so daß
das Studium des in klarer und knapper Sprache geschriebenen Buches, natürlich nur für den
theoretisch genügend vorgebildeten Leser, wirklich ein Genuß ist ...
Geheimer Regierungsrat Laskus in der Fördertechnik.

... Eine besondere Bedeutung legt der Verfasser dem Verfahren der Umordnung der
Belastung bei, die es oft ermöglicht, bei statisch unbestimmten Systemen für jede Unbekannte
eine selbständige Elastizitätsgleichung aufzustellen oder die Unbekannten wenigstens gruppen-
weise voneinander unabhängig zu machen. Welche außerordentliche Vorteile an Einfachheit
und Bequemlichkeit hierdurch erzielt werden, zeigt er an einer Reihe von Beispielen, welche die
Lösung verhältnismäßig verwickelter Aufgaben oft in verblüffender Schnelligkeit ergeben ...
Es unterliegt keinem Zweifel, daß das vorliegende Werk Andrees, das nicht etwa eine Rezept-
sammlung darstellt, sondern eines verständnisvollen, akademisch gebildeten Lesers bedarf, von
vorzüglichem Werte für die Praxis ist und außerordentlich zeit- und mühesparend wirken wird ...
Daß ein derartiges Werk im Zeichen des Weltkrieges herauskommen konnte, ist ein ehrendes
Zeugnis rastlosen deutschen Geistes und deutscher Wissenschaft, zugleich aber auch wegen der
außerordentlich schönen Ausstattung in Papier und Druck ein ausgezeichneter Beweis der Tat-
kraft des deutschen Buchdruckergewerbes. **Österr. Wochenschrift für den öffentl. Baudienst.**

www.ingramcontent.com/pod-product-compliance
Lightning Source LLC
Chambersburg PA
CBHW081559190326
41458CB00015B/5654